今すぐ使える かんたん

Premiere Elements 2021

［2021/2020対応］

Imasugu Tsukaeru Kantan Series : Premiere Elements 2021

技術評論社

本書の使い方

How to use this book

》画面の手順解説だけを読めば、操作できるようになる！

》もっと詳しく知りたい人は、補足説明を読んで納得！

》これだけは覚えておきたい機能を厳選して紹介！

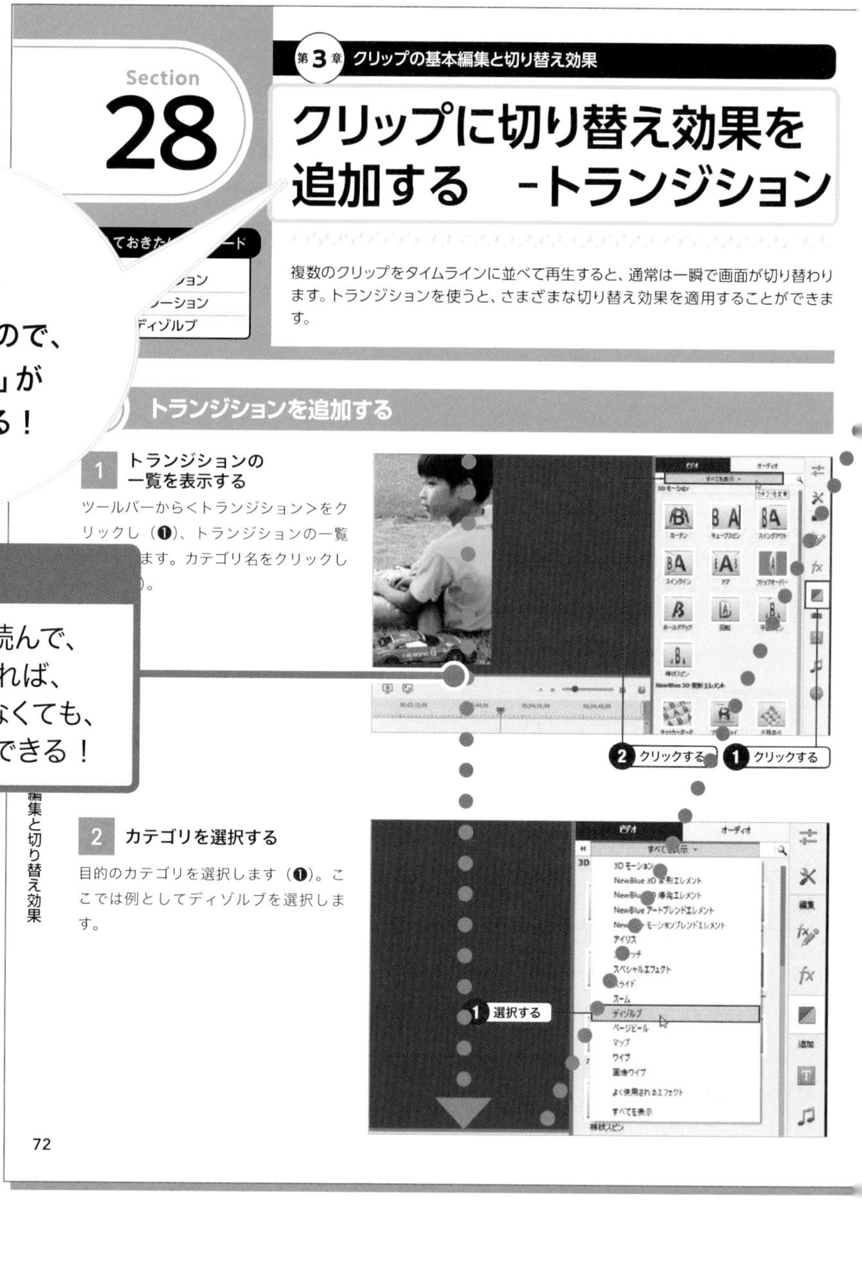

第3章 クリップの基本編集と切り替え効果
Section 28
クリップに切り替え効果を追加する -トランジション
ョン
ーション
ディゾルブ
複数のクリップをタイムラインに並べて再生すると、通常は一瞬で画面が切り替わります。トランジションを使うと、さまざまな切り替え効果を適用することができます。
トランジションを追加する
1 トランジションの一覧を表示する
ツールバーから＜トランジション＞をクリックし（❶）、トランジションの一覧
ます。カテゴリ名をクリックし
）。
2 クリックする
1 クリックする
2 カテゴリを選択する
目的のカテゴリを選択します（❶）。ここでは例としてディゾルブを選択します。
1 選択する
編集と切り替え効果
72

特長1

機能ごとに
まとまっているので、
「やりたいこと」が
すぐに見つかる！

》基本操作

解説を順番通りに読んで、
パソコンを操作すれば、
難しいことはわからなくても、
あっという間に操作できる！

特長2

やわらかい上質な紙を使っているので、開いたら閉じにくい！

》補足説明

操作の補足的な内容を配置しているので、
よくわからないときに活用すると、疑問が解決！

- Memo 補足説明
- Hint 便利な操作
- Keyword 重要用語解説
- Stepup 応用操作解説

3 トランジションを適用する

トランジションから目的のトランジションをタイムライン上のクリップ間にドラッグします（❶）。

Memo トランジション使用時の注意点

トランジションを使用するには、つなぐ2つのクリップが同一トラック上に配置されている必要があります。また、多用すると表現がくどくなるため、場面の切り替えを印象付けたい場合などに絞って使用するとよいでしょう。

4 デュレーションや配置を調整する

＜トランジションの調整＞画面が表示されます。トランジションのデュレーション（持続時間）を入力し（❶）、＜適用＞をクリックします（❷）。

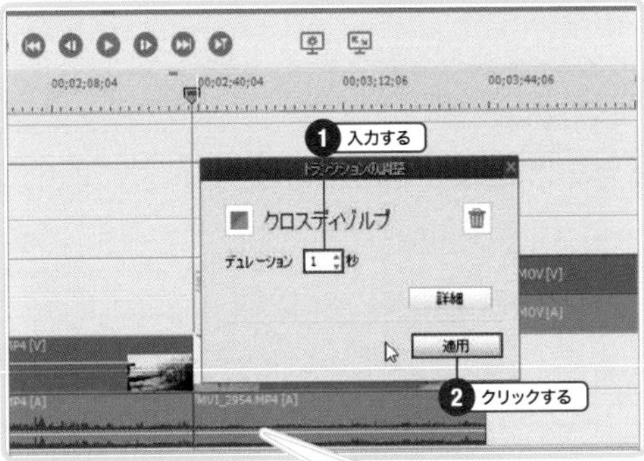

Hint あとから設定を変更するには?

トランジションの設定を変更するには、タイムライン上のトランジションをダブルクリックして＜トランジションの調整＞画面を表示します。

Stepup ムービーの導入や最後に使って演出

効果は使用するトランジションによって異なりますが、トランジションの使い道は、クリップ間に切り替え効果を持たせるだけではありません。ムービーの最初や最後にトランジションを設定すると、ムービーの導入部を暗転から開始したり、ムービーの最後にホワイトアウトを数秒かけて余韻を持たせることができます。

第3章 クリップの基

73

特長3

大きな操作画面で該当箇所を囲んでいるのでよくわかる！

目次
Contents

第1章 Premiere Elementsの基本を知ろう

Section 01 Premiere Elementsとは? …… 14
Section 02 ムービーの制作手順を知る …… 16
Section 03 Premiere Elementsの起動と終了 …… 18
Section 04 「エキスパート」ビューに切り替える …… 20
Section 05 Premiere Elementsの画面構成 …… 22

第2章 ムービー素材の読み込み

Section 06 プロジェクトを作成する …… 26
Section 07 読み込みたい機器を接続する …… 28
Section 08 ビデオカメラなどから動画を読み込む …… 30
Section 09 デジカメなどから写真を読み込む …… 32
Section 10 パソコン内のファイルを読み込む …… 34
Section 11 読み込んだクリップを表示する …… 36
Section 12 読み込んだクリップを再生して確認する …… 38
Section 13 クリップの「どこを使うか」を指定する …… 40
Section 14 クリップを整理／削除する …… 42

Section 15 プロジェクトを保存／バックアップする …… 44
Section 16 プロジェクトを開く …… 46

第3章 クリップの基本編集と切り替え効果

Section 17 クリップをタイムラインに追加する …… 50
Section 18 追加したクリップを再生する …… 52
Section 19 クリップを別のトラックに追加する …… 54
Section 20 タイムライン表示を変更して編集しやすくする …… 56
Section 21 クリップを移動する …… 58
Section 22 クリップの長さを調整する／分割する …… 60
Section 23 クリップの一部のシーンを抽出する …… 62
Section 24 写真をクリップとして使う …… 64
Section 25 写真に動きを付ける …… 66
Section 26 クリップを拡大／回転する …… 68
Section 27 クリップをフェードイン／フェードアウトする …… 70
Section 28 クリップに切り替え効果を追加する ―トランジション …… 72
Section 29 トランジションを削除する／置き換える …… 74
Section 30 トランジションの効果を調整する …… 76
Section 31 編集操作を取り消す／やり直す …… 78

目次
Contents

第4章 クリップの基本補正とエフェクト

Section 32 クリップの明るさやコントラストを補正する …… 82
Section 33 クリップのカラーバランスを補正する …… 84
Section 34 クリップの手ぶれを補正する …… 86
Section 35 クリップにエフェクトを適用する …… 88
Section 36 エフェクトの効果を調整／保存する …… 90
Section 37 エフェクトにアニメーション効果をかける …… 92
Section 38 エフェクトのアニメーション効果を調整する …… 94
Section 39 エフェクトを一部分だけに適用する …… 96
Section 40 エフェクトの適用順序を変更する …… 98
Section 41 エフェクトを自由な範囲に適用する ―調整レイヤー― …… 100
Section 42 エフェクトを無効化／削除する …… 102

第5章 便利なムービー編集テクニック

Section 43 スロー映像／早送り映像を作成する …… 106
Section 44 巻き戻し映像を作成する …… 108
Section 45 静止した映像を作成する …… 110

Section 46 映像の中に小さな映像を表示する …… 112
Section 47 2つの画面を並べて再生する …… 114
Section 48 画面に立体的な動きを加える ―基本3D …… 118
Section 49 特定の色を残してモノクロにする ―カラーパス …… 120
Section 50 高度な画像補正で見栄えをよくする …… 122
Section 51 クリップを重ねて独特の表現にする ―描画モード …… 124
Section 52 アニメーションマットオーバーレイを使用する …… 126
Section 53 特定の色を透明にして合成する ―Ultraキー …… 130
Section 54 写真の一部を切り抜いて合成する …… 132
Section 55 「吹き出し」を対象に合わせて動かす ―モーショントラッキング …… 136
Section 56 写真スライドショーを作成する …… 140
Section 57 タイムラプス映像を作成する …… 142
Section 58 コマ撮り風の映像を作成する …… 144

第6章 タイトルや字幕の追加

Section 59 テキストを追加する …… 148
Section 60 テキストのフォントやサイズを変更する …… 150
Section 61 テキストの位置を移動する …… 152
Section 62 テキストの色や枠線を調整する …… 154

目次
Contents

Section 63 テキストにグラデーションや影を設定する …… 156
Section 64 テキストにスタイルを適用する …… 158
Section 65 テキストにアニメーションを適用する …… 160
Section 66 トランジションを利用したアニメーション効果 …… 162
Section 67 テキストをフェードイン／フェードアウトする …… 164
Section 68 テキストの周囲を発光させる ―アルファグロー …… 166

第7章 効果音やBGMの追加

Section 69 オーディオ機能について理解する …… 170
Section 70 オーディオ（音楽）を追加する …… 172
Section 71 映像に合わせた音楽を作成する ―音楽スコア …… 174
Section 72 オーディオを分割する／長さを調整する …… 176
Section 73 オーディオの音量を調整する …… 178
Section 74 オーディオにエフェクトを適用する …… 180
Section 75 オーディオをフェードイン／フェードアウトする …… 182
Section 76 ビデオクリップのオーディオを切り離す …… 184
Section 77 ナレーションを録音する …… 186
Section 78 効果音を追加する …… 188

第8章 編集したムービーの書き出し

Section 79 メニュー画面を作成する（Windowsのみ） …… 192
Section 80 メニュー画面の背景やBGMを設定する（Windowsのみ） …… 196
Section 81 メニュー用のマーカーを設定する（Windowsのみ） …… 198
Section 82 ムービーをファイルとして出力する …… 202
Section 83 DVDディスクに書き込む（Windowsのみ） …… 204
Section 84 ISOファイルを出力後DVDに書き込む（Windowsのみ） …… 206
Section 85 YouTubeやVimeoに公開する …… 208
Section 86 静止画として出力する …… 211

付録

Section 01 Elements Organizerを利用する …… 212
Section 02 ビデオストーリーを作成する …… 214
Section 03 ビデオからスライドショーを作成する …… 220
索引 …… 222

体験版のインストール

Premiere Elementsの体験版をインストールするには、アドビ株式会社のウェブサイトからインストーラーをダウンロードします。その際にAdobe IDが必要なので、Adobe IDを取得していない場合は、アドビアカウントページ（https://accounts.adobe.com/）で取得しておきましょう。

1 体験版をインストールする（Windowsの場合）

1 ブラウザのURL欄に以下のアドレスを入力します。Adobe IDの入力を求められた場合は、画面の指示に従って認証の手続きをします。

https://www.adobe.com/jp/products/premiere-elements/download-trial/try.html

2 「30日間無料体験版をダウンロード」のページが表示されます。＜Adobe Premiere Elements 2021をダウンロード＞をクリックして、使用するOSに合ったバージョン（画面は日本語版Windows 10－64ビット版）を選択します（❶）。＜無料ではじめる＞をクリックします（❷）。

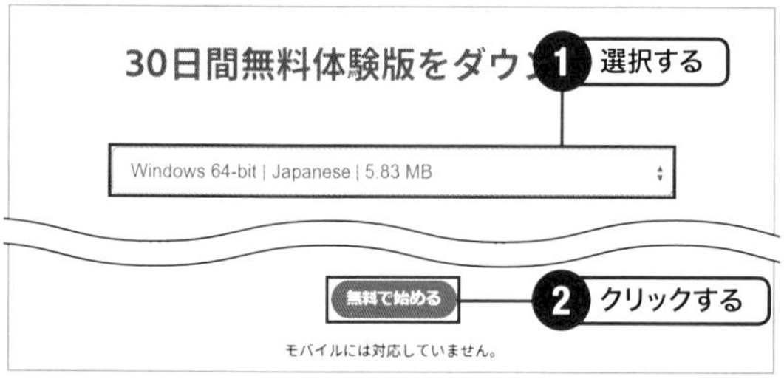

3 インストーラーのプログラムを保存する場所を指定し（❶）、＜保存＞をクリックします（❷）。

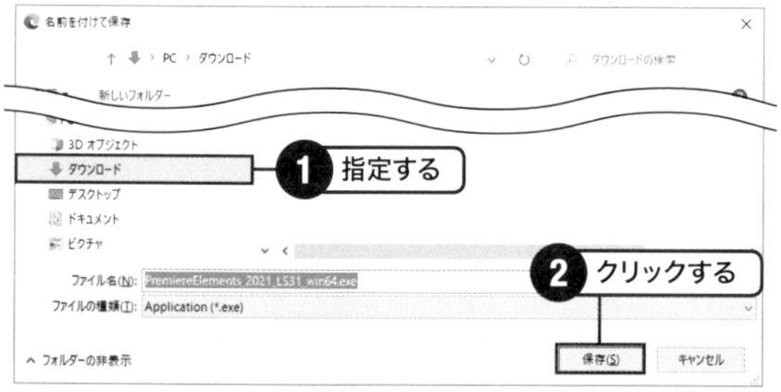

4 ダウンロードされたインストーラーのアイコンをダブルクリックします（❶）。

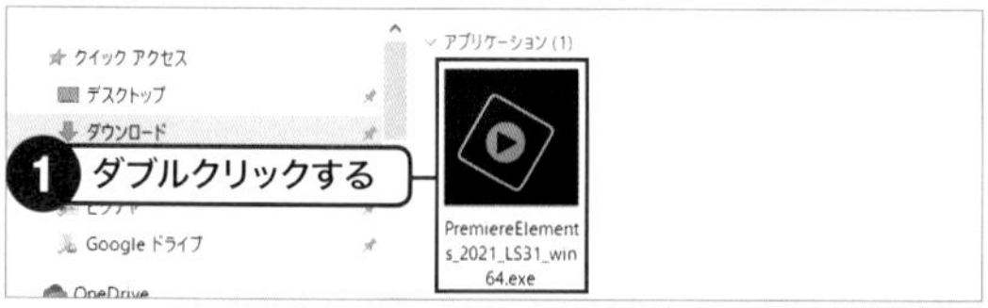

5 Premiere Elementsのインストーラーが起動します。Adobe IDのメールアドレスを入力し（❶）、＜続行＞をクリックして（❷）、画面の指示に従って認証をします。

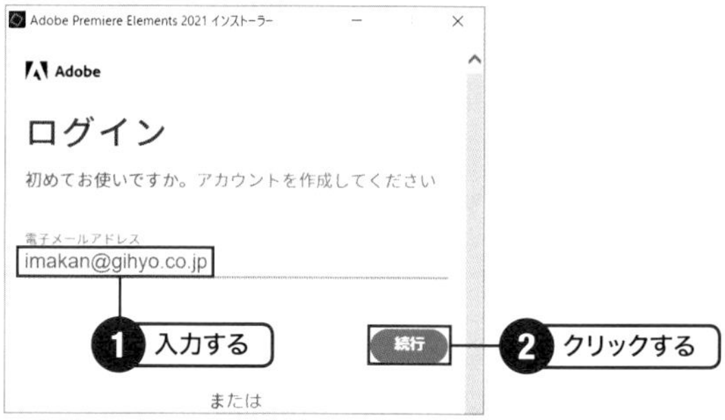

6 Adobe IDの認証が完了すると、インストールの画面が表示されます。＜続行＞をクリックします（❶）。

7 インストールオプションの画面では、＜言語＞が＜日本語＞、＜場所＞が＜規定の場所＞に設定されていることを確認して＜続行＞をクリックします（❶）。

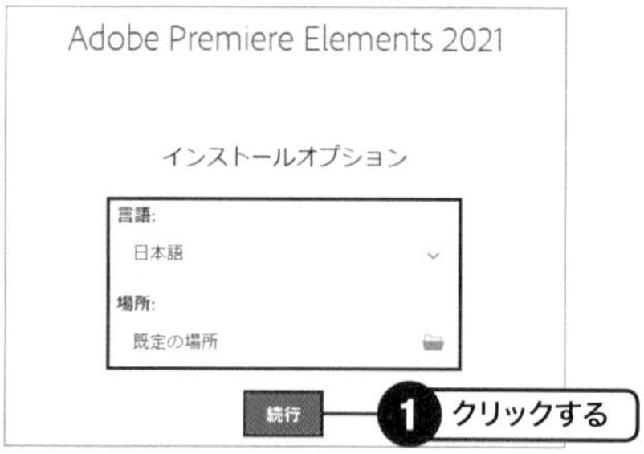

8 インストールが開始します。環境によりますが、完了まで数十分かかります。

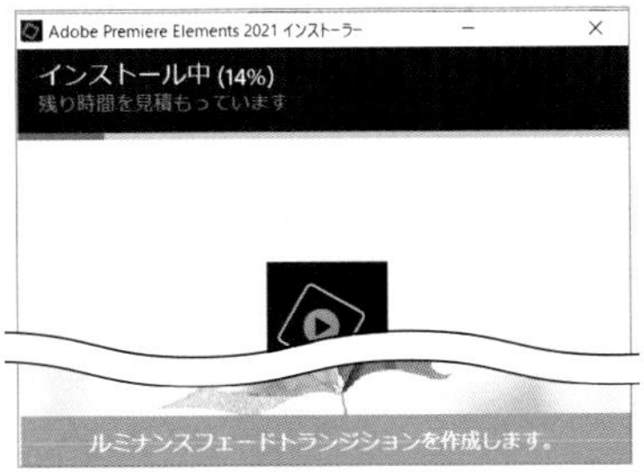

9 インストールが完了してこの画面が表示されたら、<サインイン>をクリックします(❶)。Adobe IDの入力を求められたら、画面の指示に従って認証をします。

10 「スタートアップスクリーン」の画面で<今すぐ試す>をクリックします(❶)。

11 体験版を使用できる残りの日数が表示されます。<無料体験版を開始>をクリックします(❶)。

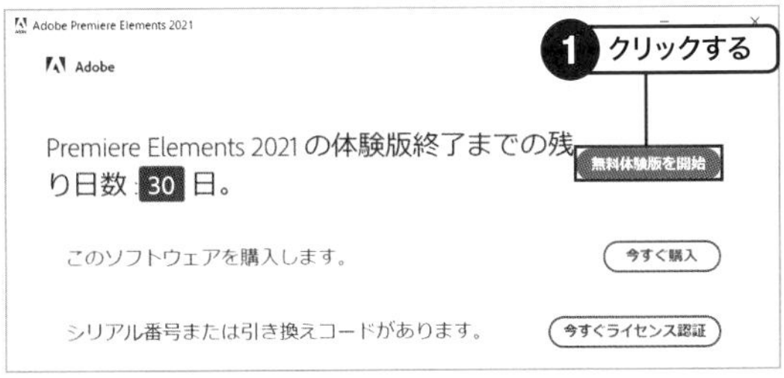

2 体験版をインストールする(Macの場合)

Macではブラウザは Safari を使用します。手順1ではMac OSを指定し、<無料で始める>をクリックします。続いて、Safariの<ダウンロードを表示します>ボタンをクリックし(❶)、表示されたファイルをダブルクリックします(❷)。インストーラーのフォルダーが開くので、アイコンをダブルクリックします(❸)。インストーラーが起動したら、手順5以降の操作を続けます。

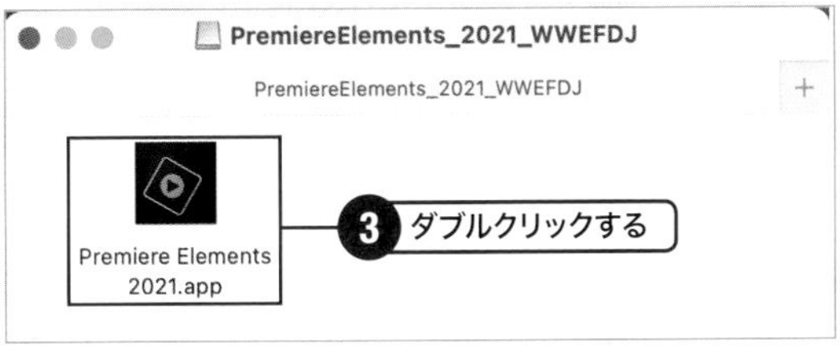

Hint

ソフトウェアの購入方法

Premiere Elementsの体験版はインストール後30日が経過すると使用できなくなります。製品版は家電量販店などのほか、アドビ社の公式サイトからダウンロード購入することもできます。購入後、手順11の画面で<今すぐライセンス認証>をクリックし、入手したシリアル番号や引き換えコードを入力すると体験版の制限が解除されて、製品版として継続して使用できるようになります。

Memo

Adobe IDとは?

Adobe IDはアドビ社のソフトウェアやサービスを利用するために必要なアカウントです。メールアドレスのほか、任意のパスワード、氏名、国籍、生年月日(2段階認証を有効にする場合はスマホ・携帯電話の番号)などを入力するだけで、無料で作成できます。

ご注意：ご購入・ご利用の前に必ずお読みください

- 本書に記載された内容は、情報提供のみを目的としています。したがって、本書を用いた運用は、必ずお客様自身の責任と判断によって行ってください。これらの情報の運用の結果について、技術評論社および著者はいかなる責任も負いません。

- ソフトウェアに関する記述は、特に断りのないかぎり、2020年11月現在での最新情報をもとにしています。これらの情報は更新される場合があり、本書の説明とは機能内容や画面図などが異なってしまうことがあり得ます。あらかじめご了承ください。

- 本書は、Adobe Premiere Elements 2021を使用し、以下の環境で動作を確認しています。ご利用時には、一部内容が異なることがあります。あらかじめご了承ください。
  パソコンのOS：Windows 10 Pro
  macOS Big Sur

- インターネットの情報については、URLや画面などが変更されている可能性があります。ご注意ください。

以上の注意事項をご承諾いただいた上で、本書をご利用願います。これらの注意事項をお読みいただかずに、お問い合わせいただいても、技術評論社および著者は対処しかねます。あらかじめご承知おきください。

第1章

Premiere Elementsの基本を知ろう

Section 01 Premiere Elements とは？
Section 02 ムービーの制作手順を知る
Section 03 Premiere Elements の起動と終了
Section 04 「エキスパート」ビューに切り替える
Section 05 Premiere Elements の画面構成

Section 01

Premiere Elementsとは?

覚えておきたいキーワード
- トランジション
- 出力
- タイトル

Premiere Elementsは、動画や写真、音楽やタイトルをつなぎ合わせて1つのムービーとして編集するためのアプリケーションです。また、作成したムービーは、各種メディアに出力することも可能です。

1 Premiere Elementsはこんなソフト

Premiere Elementsは、動画から必要なパートを取り出してつなぎ合わせたり、BGMを付けたり、タイトルを付けたりすることで1つの作品として仕上げるためのソフトです。
また、動画と動画の間を特殊効果（トランジション）を用いて印象深く画面が移り変わるようにしたり、人物が話している内容をテロップとして入れたりすることも簡単にできます。単純に動画素材を並べるだけでなく、1つの作品としてムービーを作り上げることができるのです。
編集が完了したムービーは、ムービーファイルとして保存するほか、DVDに記録して（Windowsのみ）リビングのTVで閲覧したり、あるいはYouTubeなどの動画投稿サービスにアップロードして、インターネット経由で公開することもできます。
素材の取り込みから編集、効果付け、出力、アップロードまでが1本のソフトで完結する。それがPremiere Elementsの魅力です。

ムービーの制作に必要な素材

ムービーを制作するためには動画、音楽、写真などの各種素材が必要不可欠です。ビデオカメラやデジタルカメラなどで撮影し、あらかじめ素材を用意しておきましょう。
最近ではスマートフォンのカメラ性能が上がり、ビデオカメラやデジタルカメラを使わなくても、高解像度で撮影することができるようになりました。普段から気になるシーンやイベントを撮影して、いろいろな素材を撮り貯めておきましょう。

動画

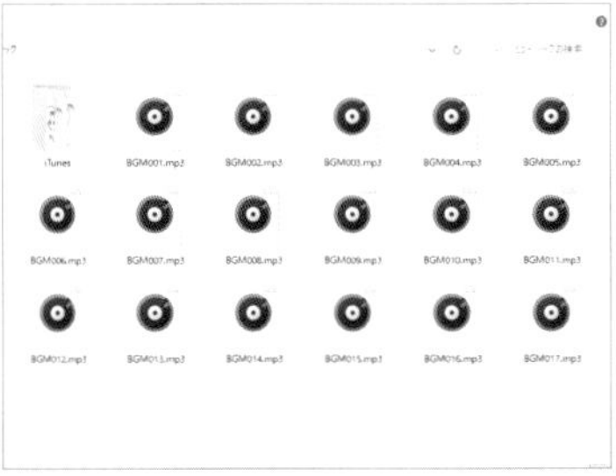
音楽

写真

② Premiere Elementsでムービーを制作する方法

Premiere Elementsでは、いくつかの方法でムービーを作ることができます。目的に応じて使い分けましょう。なお、本書では「エキスパート」ビューでムービーを制作する方法を解説しています。

》「エキスパート」ビューで制作する

Premiere Elementsの多彩な機能を使った自由度の高い編集を行うことができます。素材を階層ごとにまとめるトラックがタイムライン上に複数用意され、より複雑な編集に対応します。また、<プロジェクトのアセット>パネルでプロジェクト内で読み込む各素材を管理することができます。

》「クイック」ビューで制作する

「エキスパート」ビューに比べて簡単に編集を行えるモードです。インスタントムービーやビデオストーリーのようにテーマファイルはなく、ある程度の自由度がありますが、単一のトラックしか扱えません。

》インスタントムービーで制作する

タイムラインに動画素材を配置後、インスタントムービーを使用すると、タイトルや音楽、並び順、ムービーの長さなどを設定するだけで、自動的にテーマに沿った一本のムービー作品に仕上げることができます(P.214のStepup参照)。

》ビデオストーリーで制作する

<誕生日>、<一般>、<卒業式>、<旅行>、<結婚式>のカテゴリ内のテーマを選び、素材となる動画や画像を当てはめていくことで、テーマに沿った、見栄えのするムービーに仕上げることができます(P.214参照)。

Section 02

ムービーの制作手順を知る

覚えておきたいキーワード
- プロジェクト
- クリップ
- トランジション

ムービー作品を作るためにはいくつかの手順が必要です。Premiere Elementsでそれらの作業が効率よく行えるよう、制作に入る前に、その手順を確認しておきましょう。

1 ムービーの制作手順

1 素材の読み込み

ビデオカメラやスマートフォンで撮影した動画を、Premiere Elementsで扱えるようにパソコンに取り込みます。動画だけでなく、デジタルカメラで撮影した写真やイラスト、音声、音楽ファイルも素材として扱うことができます。

2 素材の配置

ムービー作品を作る前に、まずはプロジェクトを作成します。取り込んだ各種素材（クリップ）をタイムラインに配置し、使用する範囲を決定します。プレビューで動画の流れを確認しながら、無駄なシーンを省いていきます。

3 演出・効果の追加

配置した動画に、切り替え時の効果（トランジション）を設定したり、エフェクトの機能を使って特殊効果や演出を加えていきます。合わせて、オープニングタイトルや、状況説明のための字幕（テロップ）なども設定し、作品を盛り上げる要素を加えていきます。

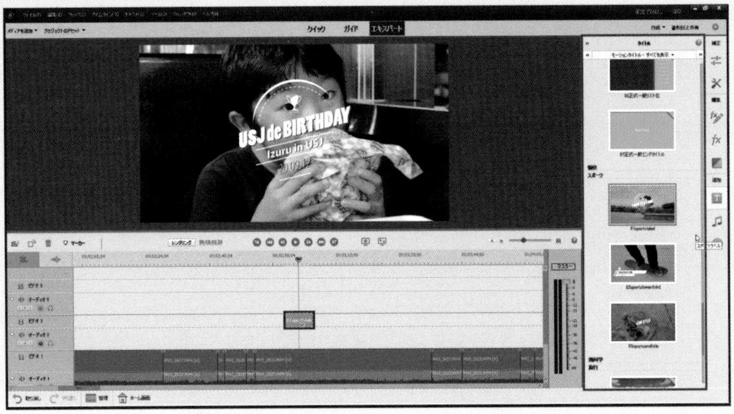

4 音楽・ナレーションの追加

BGMやナレーションなどを追加すると、作品のテンポがよくなります。動画の雰囲気に合った曲をBGMに加えるだけで、作品としてのクオリティがぐっとアップします。お気に入りの曲だけではなく、Premiere Elementsにあらかじめ用意されている曲や効果音などを使用することができます。なお、公開する場合は、楽曲の著作権に十分注意しましょう。

5 ムービーファイルの出力

Premiere Elementsでの編集作業が完了したら、最終的に1つのムービーファイルとして目的に応じたさまざまなメディアに出力しましょう。Premiere ElementsにはDVDへの書き出し機能（Windowsのみ）だけでなく、インターネット経由でYouTubeやVimeoなどにもアップロードして公開する機能が搭載されています。

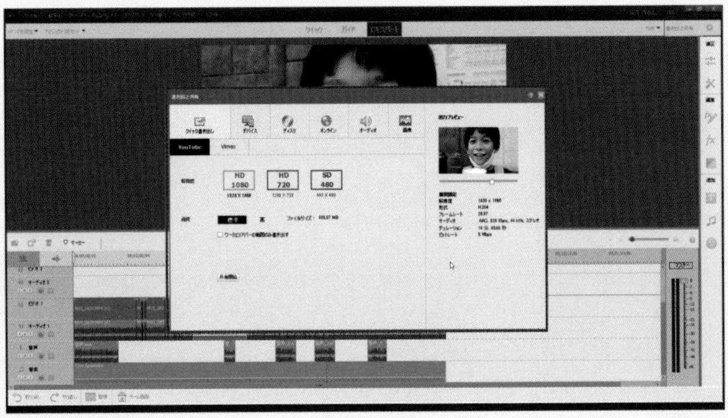

Section 03

Premiere Elementsの起動と終了

覚えておきたいキーワード
- スタートメニュー
- タスクバーにピン留め
- ホーム画面

ここでは、Premiere Elementsの起動と終了の方法を解説します。Premiere Elementsを起動すると、はじめにホーム画面が表示されます。

1 Premiere Elementsを起動する

1 アイコンをクリックする

＜スタート＞ボタンをクリックし（❶）、スタートメニューの＜Adobe Premiere Elements 2021＞をクリックします(❷)。

Memo

Macの場合

Macの場合は＜Launchpad＞を表示して、＜Adobe Premiere Elements 2021＞をクリックします。

2 ＜ビデオの編集＞をクリックする

ホーム画面が表示されました。この画面はアプリケーションの画面ではありません。＜ビデオの編集＞をクリックします(❶)。

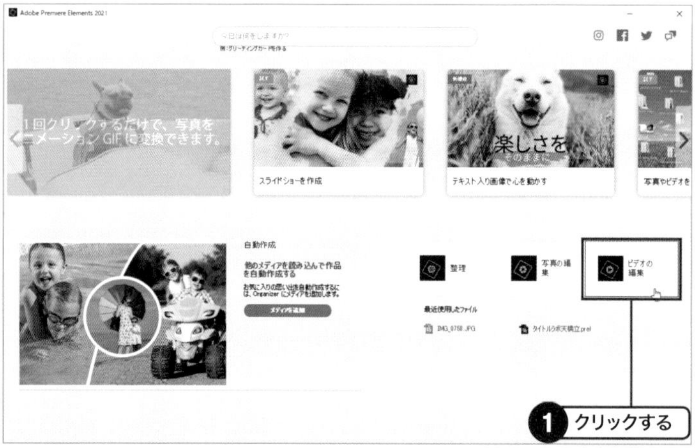

3 Premiere Elementsが起動した

Premiere Elementsが起動しました。画面右上の□をクリックして全画面表示にすると（❶）、画面が広くなり、作業がスムーズに行えます。

Hint

タスクバーからすぐに起動するには?

Premiere Elementsを起動後、タスクバーのアイコンを右クリックし、<タスクバーにピン留め>をクリックすると、タスクバーから直接起動できるようになります。

2 Premiere Elementsを終了する

1 <終了>をクリックする

<ファイル>をクリックし（❶）、<終了>をクリックします（❷）。

Memo

Macの場合

Macの場合は、<Adobe Premiere Elements 2021 Editor>をクリックして、<Adobe Premiere Elements Editorを終了>をクリックします。

2 Premiere Elementsが終了した

Premiere Elementsが終了し、デスクトップ画面上にホーム画面が表示された状態に戻りました。

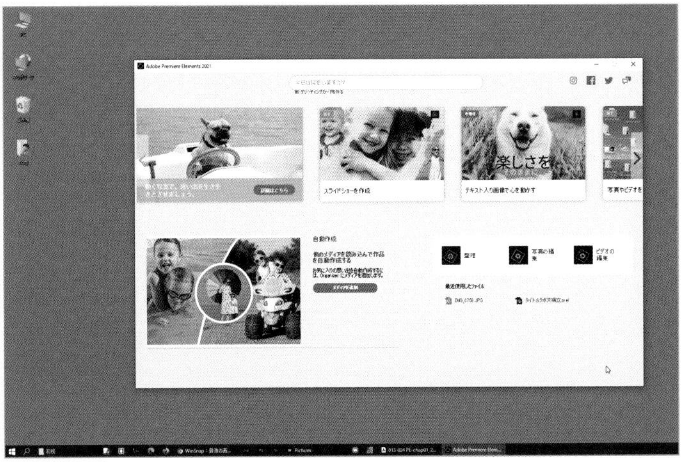

Section 04

「エキスパート」ビューに切り替える

覚えておきたいキーワード
- 「クイック」ビュー
- 「ガイド」ビュー
- 「エキスパート」ビュー

Premiere Elementsは、手軽に編集が行える「クイック」ビュー、最新機能を操作しながら学べる「ガイド」ビュー、多彩な機能で編集が行える「エキスパート」ビューの3つのモードを備えています。

1 3種類の「ビュー」を知る

Premiere Elementsには「クイック」ビュー、「ガイド」ビュー、「エキスパート」ビューの3つのモードが用意されており、画面上部中央のワークスペース切り替えボタンで切り替えることができます。本書では、「エキスパート」ビューを使った本格的な編集方法について解説します。

「クイック」ビュー

シンプルな画面で、簡単に編集を行うことができます。その反面、使用できるフィルターの数が少なかったり、一部機能が使えないなど、細部までこだわった編集はできません。

「ガイド」ビュー

目的別に、操作方法を画面上で指示してくれるツアーガイドです。実際に編集しながら目的の操作を体験できるため、Premiere Elementsでどういったことができるのか、どういう操作体系なのかを知るために有効です。

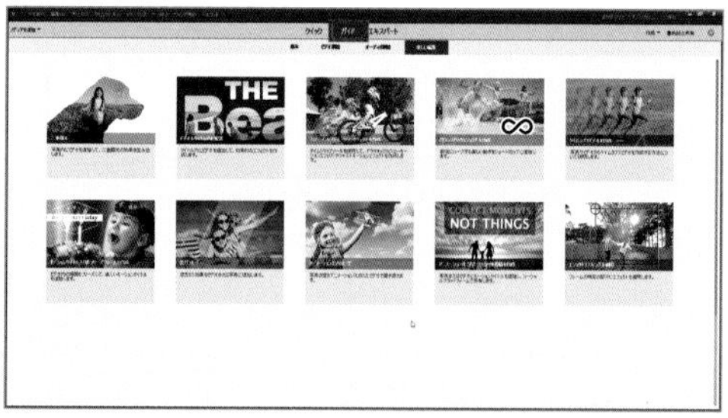

「エキスパート」ビュー

より緻密な動画編集をするためには「エキスパート」ビューを使用します。「エキスパート」ビューでは「クイック」ビューより詳細な設定が可能で、動画切り替え時の効果（トランジション）やフィルター（エフェクト）も充実しています。

2 「エキスパート」ビューに切り替える

1 「クイック」ビューが表示される

P.18の方法でPremiere Elementsを起動すると、初期設定の「クイック」ビューが表示されます。

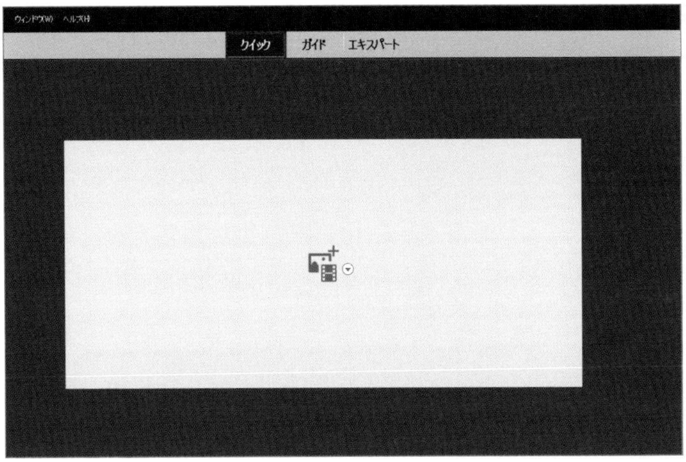

Hint

2回目以降の起動

2回目以降の起動時には、直前の作業で使用していたビューが最初に表示されます。

2 <エキスパート>をクリックする

画面上部の<エキスパート>をクリックします（❶）。

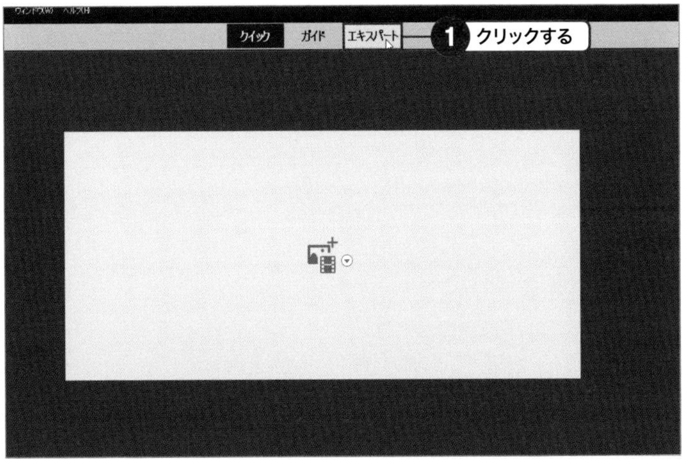

3 画面が切り替わった

「エキスパート」ビューに切り替わりました（❶）。

Hint

編集中に切り替えると?

作業の途中でビューを切り替えても、編集中の内容はそのまま保持されます。

Section
05
Premiere Elementsの画面構成

覚えておきたいキーワード
- タイムライン
- ツールバー
- 時間インジケーター

Premiere Elementsの画面構成とそれぞれの機能について解説します。編集中はいろいろな機能を駆使して作業を進めていくので、どこにどういう機能があるのかを把握しておきましょう。

1 Premiere Elementsの各部名称と機能

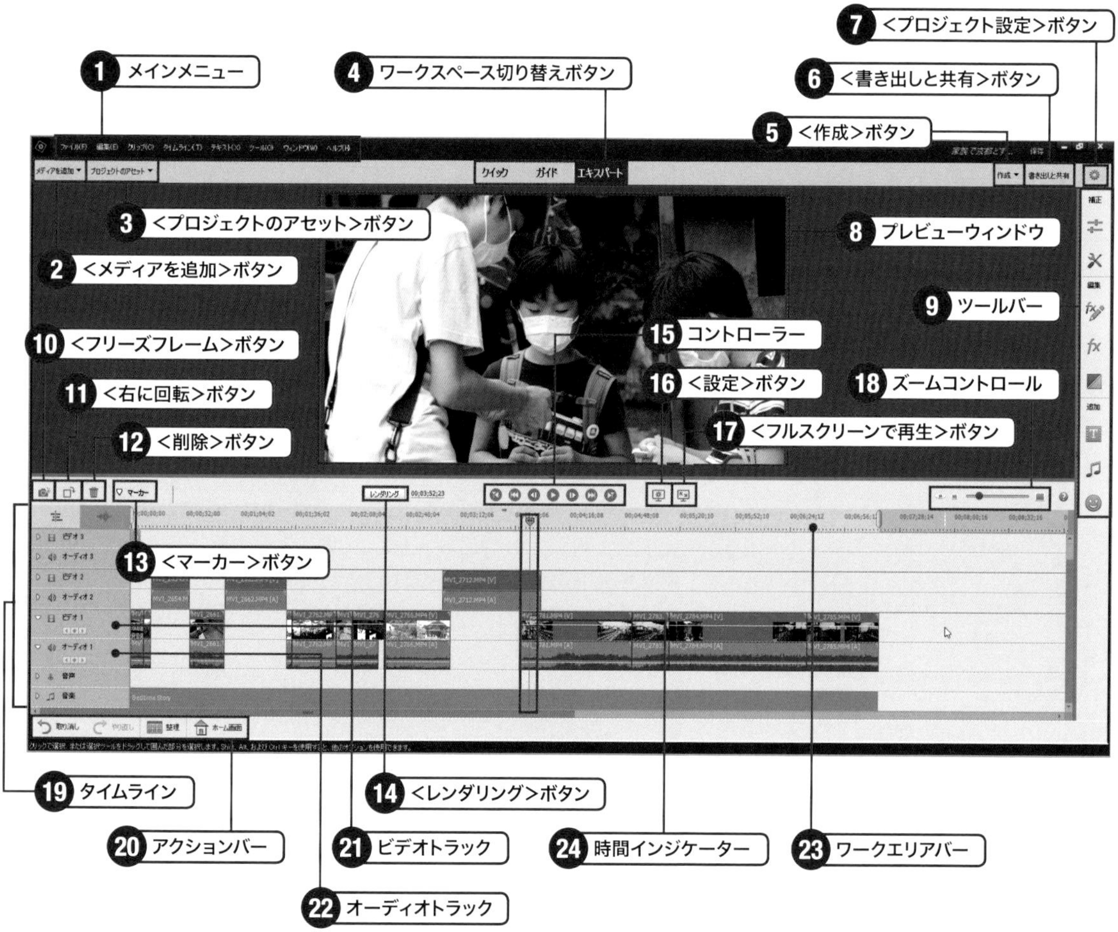

名称	内容
❶メインメニュー	Premiere Elementsの主なメニューがまとめられています。画面内にあるボタンと同じ内容のものもあります。
❷＜メディアを追加＞ボタン	さまざまなメディアから動画や写真をPremiere Elementsに読み込む際に使用します。
❸＜プロジェクトのアセット＞ボタン	プロジェクト内で使用する素材クリップを格納している＜プロジェクトのアセット＞パネルを表示します。
❹ワークスペース切り替えボタン	「クイック」ビュー、「ガイド」ビュー、「エキスパート」ビューをそれぞれ切り替えます。
❺＜作成＞ボタン	テーマに沿ったムービーを手軽に作ることができる＜ビデオストーリー＞や＜インスタントムービー＞を作成する際に使用します。
❻＜書き出しと共有＞ボタン	作成したムービー作品をファイルやDVDに出力したり、動画共有サイトにアップロードする際に使用します。
❼＜プロジェクト設定＞ボタン	＜編集＞メニュー内のプロジェクト設定を開きます。通常、使用することはあまりありません。
❽プレビューウィンドウ	編集中のムービーをプレビューします。編集した内容が即座に反映されますが、正確な最終イメージを確認するためには書き出しが必要です。
❾ツールバー	編集に必要なさまざまなツールを機能別に3つのカテゴリ、8つのボタンに分けて格納しています。
❿＜フリーズフレーム＞ボタン	編集中の動画クリップから静止画を抽出します。抽出した静止画は画像として保存したり、そのままタイムラインに配置することができます。
⓫＜右に回転＞ボタン	クリックするごとに選択中のクリップを時計回りに90度ずつ回転させます。
⓬＜削除＞ボタン	選択しているクリップを削除します。
⓭＜マーカー＞ボタン	DVDで視聴する際のメニュー画面用に、チャプターを作るためのマーカーを設置します。
⓮＜レンダリング＞ボタン	タイムラインのワークエリアの範囲を計算して、プレビューファイルを作成します。フィルタやトランジション効果なども、最終イメージと同じ表現で再生することができます。
⓯コントローラー	編集中のムービーを再生／一時停止したり、巻き戻し／早送りするなどのコントロールを行います。
⓰＜設定＞ボタン	プレビュー再生する際の画質や拡大率を設定します。
⓱＜フルスクリーンで再生＞ボタン	画面いっぱいにプレビュー画面を広げて再生します。
⓲ズームコントロール	タイムラインの時間軸を拡大／縮小します。微妙なタイミングなどを調整する場合はズームイン、全体の流れを確認したい場合はズームアウトすると効率よく作業することができます。
⓳タイムライン	タイムライン上に動画や音楽の素材クリップを読み込んで配置します。配置されたクリップの長さや順番を変更するなど、自由に編集を行えます。「エキスパート」ビューでは、タイムライン上にビデオクリップやオーディオクリップを並べて配置することができるのが特徴です。
⓴アクションバー	取り消し、やり直し、整理の各ボタンが配置されています。＜整理＞をクリックするとElements Organizerを起動します。
㉑ビデオトラック	ビデオクリップを配置します。初期設定では、ビデオトラックは3つ用意されていますが、追加することもできます。
㉒オーディオトラック	オーディオクリップを配置します。動画素材に含まれる音声は通常、ビデオトラックと結合されていますが、オーディオを切り離すこともできます。
㉓ワークエリアバー	薄いグレーになっている部分をワークエリアと言います。これを指定することで、ワークエリア部分だけを書き出したり、プレビューの作成時間を短縮したりすることができます。
㉔時間インジケーター	現在の再生・編集位置を示します。ドラッグすることで、編集位置を変更することができます。

Memo

知っておきたいショートカットキー

ショートカットキーを知っておけば、さまざまな操作をすばやく行うことができます。操作に慣れてきたら試してみましょう。
※カッコ内はMac版で使用するキー。

プロジェクトの管理	
Ctrl (command) + n	新規プロジェクトの作成
Ctrl (command) + o	プロジェクトを開く
Ctrl (command) + s	プロジェクトの保存
Ctrl (command) + q	Premiere Elements を終了
編集	
Ctrl (command) + z	取り消し
Ctrl (command) + Shift + z	やり直し
Ctrl (command) + a	すべてを選択
Ctrl (command) + x	カット
Ctrl (command) + c	コピー
Ctrl (command) + v	貼り付け
Ctrl (command) + Alt (option) + v	エフェクトと調整を貼り付け
Shift + Delete (fn + delete)	削除
Delete	削除して間隔を詰める
Ctrl (command) + g	クリップのグループ化
Ctrl (command) + Shift + g	グループ解除
Ctrl (command) + k	クリップを時間インジケーターの位置で分割
タイムラインの操作	
space	タイムラインの再生・一時停止
q	時間インジケーターを先頭フレームに移動
w	時間インジケーターを最終フレームに移動
Alt (option) + ← ／ →	選択したタイムラインのクリップを 1 フレームずつ移動
ムービーの再生	
Alt (option) + Enter	フルスクリーンで再生
l	再生／ 2 倍速／ 3 倍速／ 4 倍速で再生（押す毎に速度が速くなる）
j	逆再生／ 2 倍速／ 3 倍速／ 4 倍速で逆再生（押す毎に速度が速くなる）
← ／ →	時間インジケーターを 1 フレームずつ移動
Shift + ← ／ →	時間インジケーターを 5 フレームずつ移動

●キーボードショートカットのカスタマイズ

＜編集＞メニュー→＜キーボードショートカット＞の順にクリックすると、キーボードショートカットパネルが開きます。ショートカットを設定したい項目を選択し、キーボードのキーを押すと押したキーがショートカットキーとして登録されます。＜別名で保存＞ボタンをクリックすると、カスタムキーセットとして登録することができます。

第2章

ムービー素材の読み込み

Section 06 プロジェクトを作成する
Section 07 読み込みたい機器を接続する
Section 08 ビデオカメラなどから動画を読み込む
Section 09 デジカメなどから写真を読み込む
Section 10 パソコン内のファイルを読み込む
Section 11 読み込んだクリップを表示する
Section 12 読み込んだクリップを再生して確認する
Section 13 クリップの「どこを使うか」を指定する
Section 14 クリップを整理／削除する
Section 15 プロジェクトを保存／バックアップする
Section 16 プロジェクトを開く

Section

06 プロジェクトを作成する

覚えておきたいキーワード

- プロジェクト
- 新規プロジェクト
- 保存先

Premiere Elementsで動画を編集するためには、作成するムービーごとにプロジェクトを用意する必要があります。ここでは、プロジェクトとその制作方法について解説します。

1 プロジェクトとは?

プロジェクトとは、「ムービーを編集するための作業環境」のことで、作成するムービーごとにプロジェクトが必要です。プロジェクト内には、読み込んだ動画や音楽、写真などの素材クリップ各種、タイムライン上に配置したクリップ、クリップに対する加工、タイトルの位置など、編集作業で行ったさまざまな情報がまとめられます。つまり、「どの素材を」、「どの順番で」、「どのように表示するか」を管理しているものがプロジェクトといえます。プロジェクトを保存することで、プロジェクトごとにムービーを編集できます。また、プロジェクトをバックアップすることで、異なるパソコンに作業環境を移行することも可能です。プロジェクトの保存についてはP.44を、プロジェクトを開く操作についてはP.46を、それぞれ参照してください。

» プロジェクトA＝子供の運動会の動画を編集

» プロジェクトB＝家族旅行の動画を編集

2 プロジェクトを作成する

1 新規プロジェクトを作成する

<ファイル>をクリックし（❶）、<新規>→<プロジェクト>の順にクリックします（❷）。

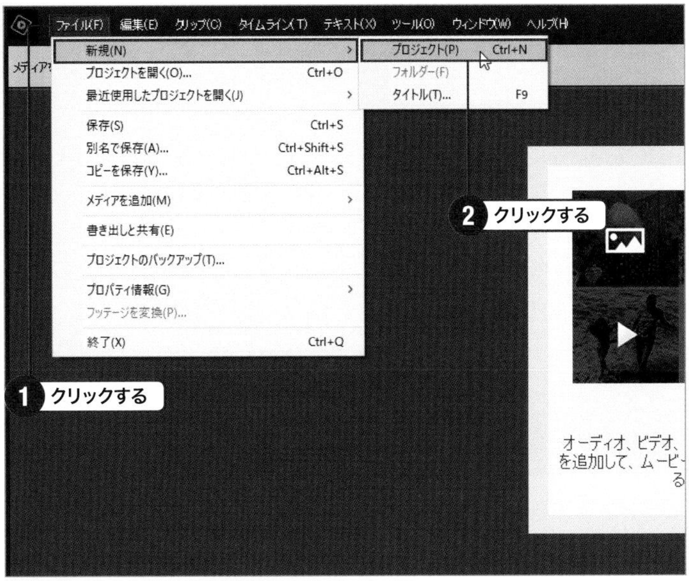

2 プロジェクト名を入力する

<新規プロジェクト>画面が表示されます。<名前>欄にわかりやすいプロジェクト名を入力し（❶）、<参照>をクリックします（❷）。

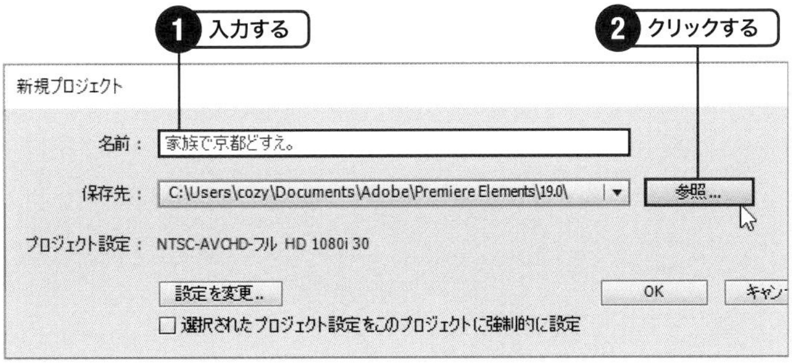

3 保存先を設定する

プロジェクトの保存先（ここでは<デスクトップ>）をクリックし（❶）、<フォルダーの選択>をクリックして（❷）、次の画面で<OK>をクリックします。

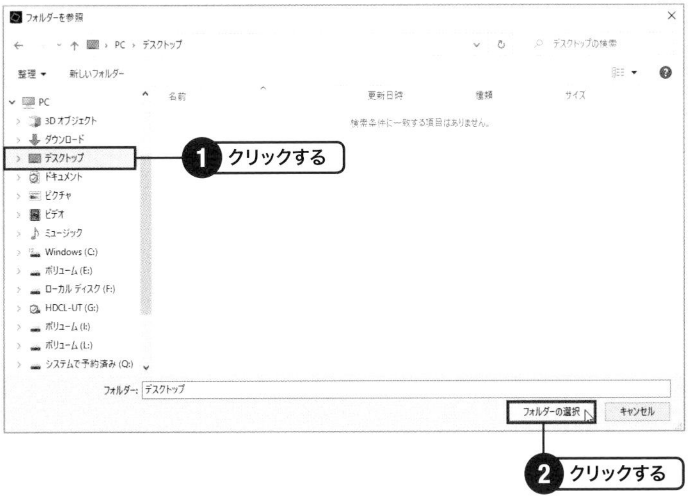

Hint

保存場所の初期設定

プロジェクトの保存先は、初期設定では<ドキュメント（書類）>→<Adobe>→<Premiere Elements>→<19.0>フォルダー内が指定されています。

Section 07

読み込みたい機器を接続する

覚えておきたいキーワード

- ビデオカメラ
- スマートフォン
- デジタルカメラ

Premiere Elementsで編集作業を行うには、まず、Premiere Elementsで素材を読み込む必要があります。ここでは、各素材を撮影した機材や保存したメディアごとに接続する方法を解説します。

1 素材を読み込むためには?

素材を読み込むためには、まず、カメラ機器とパソコンを接続します。そのあとで、Premiere Elementsの＜メディアを追加＞から、読み込みたい素材に合わせて項目を選択します。動画の読み込みはP.30、写真の読み込みはP.32を参照してください。

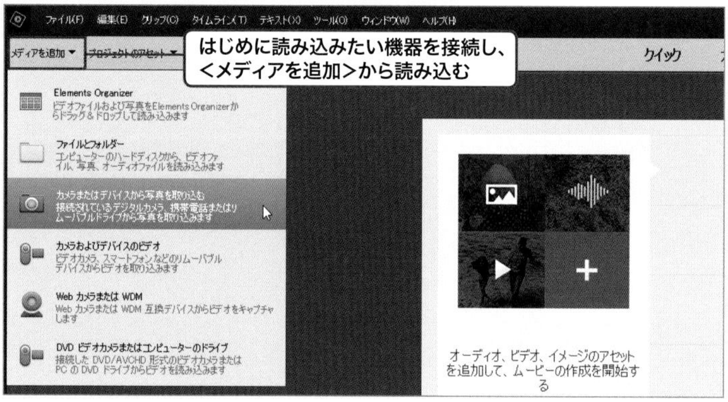

2 カメラ機器とパソコンを接続する

ビデオカメラを接続する

ビデオカメラとお使いのパソコンをケーブルを通じて接続します。ケーブルの種類は、ビデオカメラによって異なります。詳しくはお使いのビデオカメラの取扱説明書を参照してください。

Hint ビデオカメラのモード設定

ビデオカメラの機種によっては、読み込む際にモードを設定する必要があります。読み込み用モードのボタンやダイアルで切り替えます。

スマートフォンを接続する

スマートフォンとお使いのパソコンをケーブルを通じて接続します。詳しくはお使いのスマートフォンの取扱説明書を参照してください。

Memo

読み込めない場合

iPhoneの場合は、iPhone側で画像フォルダーにアクセスする許可を与える必要があります。iPhoneのロックを解除後、画面に表示された<許可>をタップしてください。

デジタルカメラを接続する

デジタルカメラにメモリーカードが挿入されていることを確認し、ケーブルを通じてお使いのパソコンに接続します。ケーブルの種類は、デジタルカメラによって異なります。詳しくはお使いのデジタルカメラの取扱説明書を参照してください。

メモリーカードを接続する

カードリーダーに、読み込ませたいメモリーカードをセットします。カードリーダーが内蔵されていないパソコンの場合は、別途対応したカードリーダーを用意し、USBケーブルで接続してください。

内蔵タイプ

外付けタイプ

Section 08

ビデオカメラなどから動画を読み込む

覚えておきたいキーワード
- メディアを追加
- カメラおよびデバイスのビデオ
- ビデオインポーター

ビデオカメラやスマートフォンで撮影された動画を、Premiere Elementsに直接読み込む手順について解説します。接続する機器が異なっても、すべて同じ手順で読み込むことができます。

1 動画を読み込む

1 メディアを追加する

読み込みたい機器を接続しておきます。＜メディアを追加＞をクリックし（❶）、＜カメラおよびデバイスのビデオ＞をクリックします（❷）。

2 ソースを選択する

ビデオインポーターが開きます。「ソース」のリストをクリックし（❶）、接続したビデオカメラを選択します（❷）。ほかに読み込み可能な機器が表示されていない場合は、そのままでかまいません。

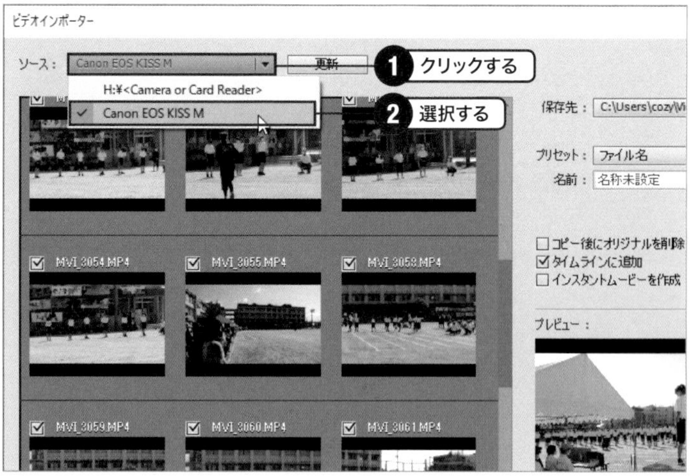

3　取り込み設定をする

接続機器に保存されている動画が一覧で表示されます。読み込み直後はすべてにチェックが入っているので、対象の動画のみチェックが入るようにクリックします（❶）。＜保存先＞を確認し（❷）、問題なければ＜取り込み＞をクリックします（❸）。

Memo ＜タイムラインに追加＞とは?

＜タイムラインに追加＞にチェックを入れると、取り込んだ動画を自動的にタイムラインに配置します。不要であれば、チェックは外しておきましょう。

4　ファイルが取り込まれた

＜プロジェクトのアセット＞パネルに、取り込まれた動画ファイルのサムネイルが表示されます（❶）。

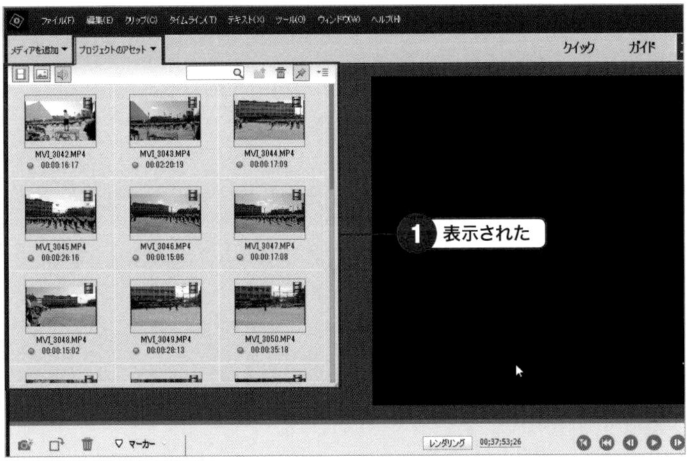

Hint 保存先を変更するには?

通常、保存先はCドライブのユーザーフォルダー内の＜ビデオ＞フォルダー（Macでは＜ムービー＞フォルダー）が指定されています。別の場所に変更したい場合は、ビデオインポーターの＜保存先＞の右側にある＜フォルダー＞アイコンをクリックして（❶）、保存先を指定してから取り込んでください。

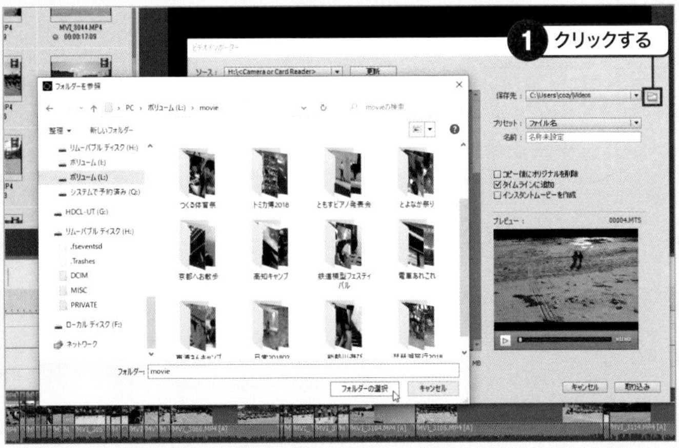

Section
09
デジカメなどから写真を読み込む

覚えておきたいキーワード
- カメラまたはデバイスから写真を取り込む
- フォトダウンローダ
- 詳細設定

デジタルカメラやスマートフォンで撮影された写真を、Premiere Elementsに直接読み込む手順について解説します。読み込み元の機器が異なっても、すべて同じ手順で読み込むことができます。

1 写真を読み込む

1 メディアを追加する

読み込みたい機器を接続しておきます。<メディアを追加>をクリックし（❶）、<カメラまたはデバイスから写真を取り込む>をクリックします（❷）。

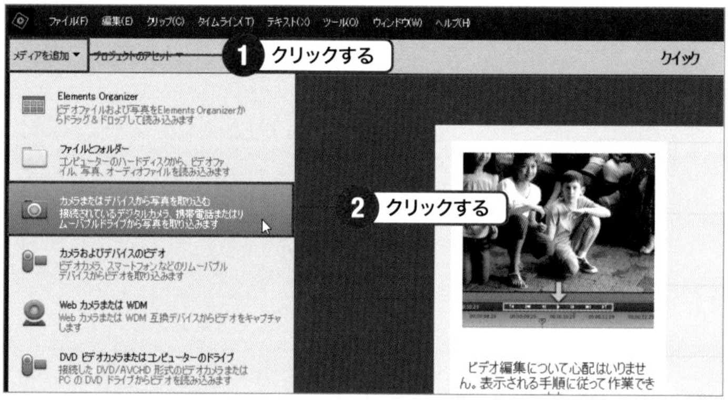

2 詳細設定を開く

フォトダウンローダが開きます。<詳細設定>をクリックします（❶）。

3 ソースを選択する

「写真の取り込み元」のリストをクリックし（❶）、接続した機器を選択します（❷）。接続機器が確認できるまでに、少し時間がかかる場合があります。

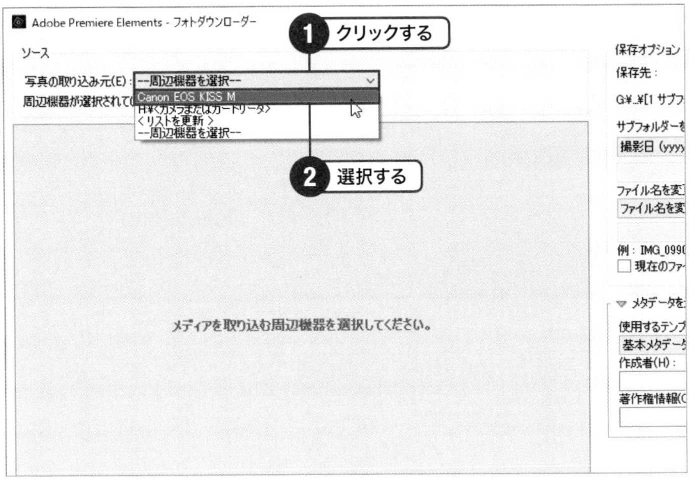

4 取り込み設定をする

サムネイル欄に取り込み可能な写真が一覧で表示されます（❶）。＜保存先＞を確認し（❷）、問題なければ＜取り込み＞をクリックします（❸）。

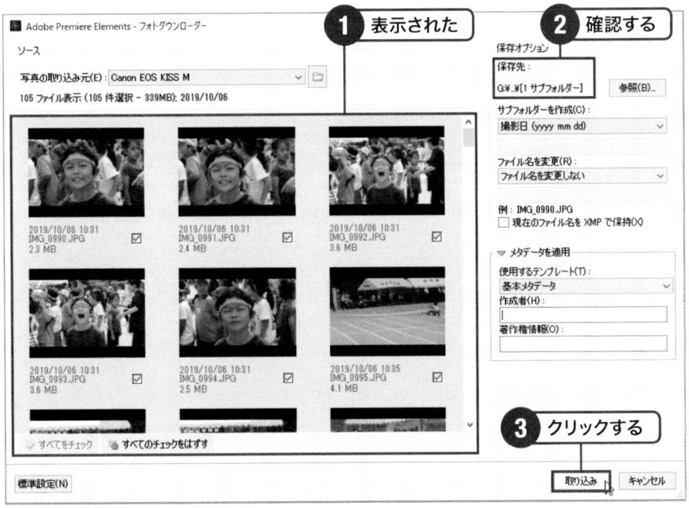

Memo 読み込み時の注意

読み込み直後はすべてにチェックが入っているので、対象外の写真のチェックボックスをクリックしてチェックを外します。

5 ファイルが取り込まれた

＜プロジェクトのアセット＞パネルに、取り込まれた写真ファイルのサムネイルが表示されます（❶）。

Section 10

パソコン内のファイルを読み込む

覚えておきたいキーワード
- ファイルとフォルダー
- フォルダーを読み込み
- ドラッグアンドドロップ

パソコン内に保存されたファイルを読み込む方法について解説します。あらかじめパソコン内に保存された動画や写真のファイルや、パソコンで作成したイラストなどの各種ファイルも、この方法で取り込みます。

1 フォルダーを開いてファイルを読み込む

1 メディアを追加する

＜メディアを追加＞をクリックし（❶）、＜ファイルとフォルダー＞をクリックします（❷）。

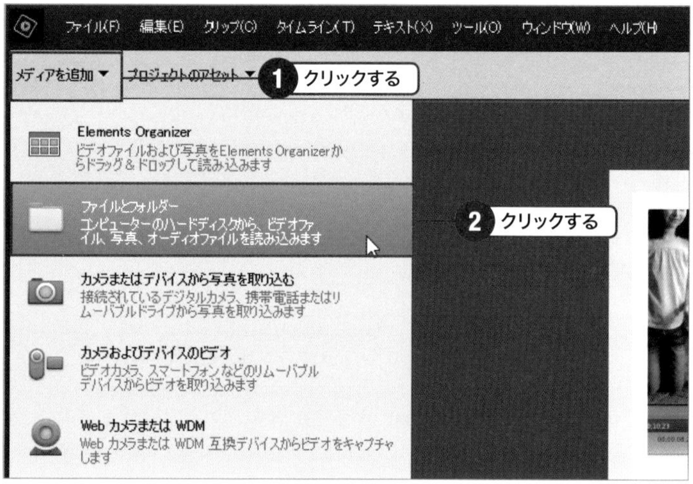

2 画面が表示される

＜メディアを追加＞画面が表示されます。

3 フォルダーを開く

対象となるフォルダーを選択し（❶）、＜開く＞をクリックします（❷）。

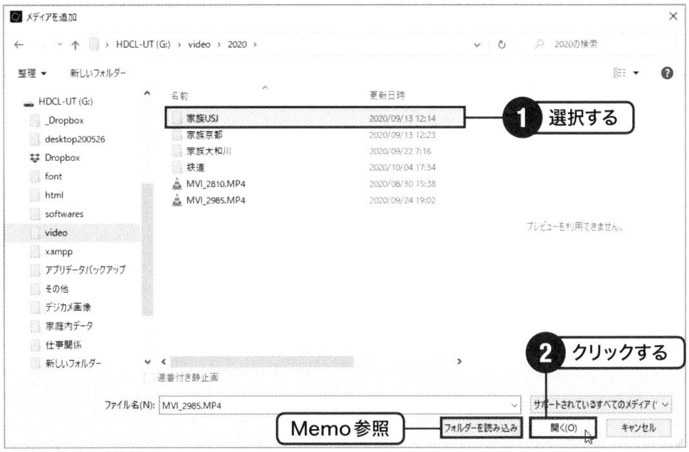

Memo フォルダーの中身を全部読み込むには？

フォルダー内のファイルをすべて読み込む場合は、目的のフォルダーを選択後、＜フォルダーを読み込み＞をクリックします。

4 ファイルを指定する

対象となるファイルを選択し（❶）、＜開く＞をクリックします（❷）。

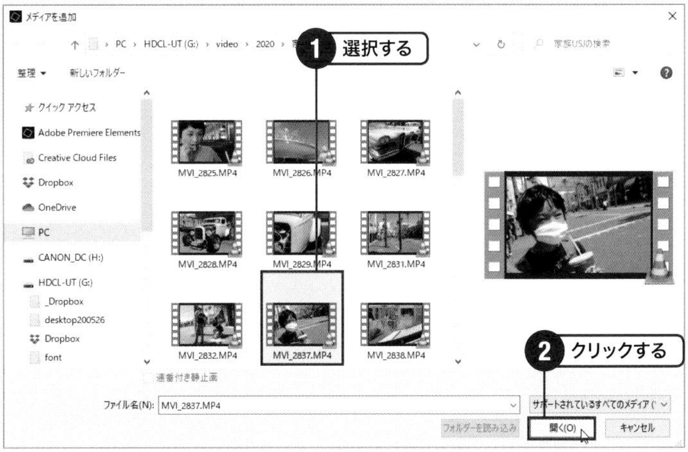

Memo 複数のファイルを一度に読み込むには？

Ctrl（command）＋クリックで複数選択することで、クリックしたファイルを一度に読み込むことができます。

5 ファイルが読み込まれた

＜プロジェクトのアセット＞パネルに、読み込まれた動画ファイルのサムネイルが表示されます（❶）。

Hint ドラッグ&ドロップでも読み込める

Windows や Mac のウィンドウから、ファイルを直接＜プロジェクトのアセット＞パネルにドラッグ＆ドロップすることでも読み込むことができます。

Section 11

読み込んだクリップを表示する

覚えておきたいキーワード
- プロジェクトのアセット
- グリッド表示
- メディアデュレーション

各メディアから読み込んだ動画は、＜プロジェクトのアセット＞パネルにまとめられ、プロジェクトごとに管理されます。動画は、リスト表示にしたり、非表示にしたりできます。

1 プロジェクトのアセットを表示する

1 プロジェクトのアセットを表示する

P.28 ～ 35を参考に各種素材を読み込み、＜プロジェクトのアセット＞をクリックします（❶）。

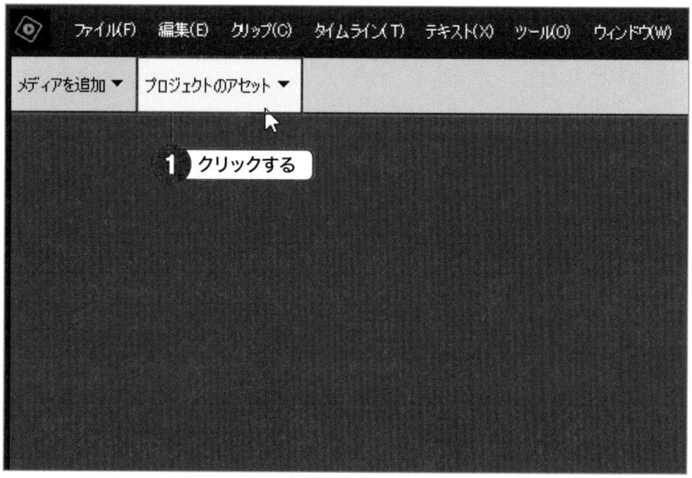

2 表示エリアを拡大する

＜プロジェクトのアセット＞パネルが表示されました。現在のプロジェクトに取り込まれた各種素材が一覧で表示されています（❶）。
パネルの右下をドラッグすることで（❷）、表示エリアを拡大することができます。

3 リスト表示にする

＜パネルオプション＞をクリックし(❶)、＜表示＞→＜リスト表示＞の順にクリックすると（❷)、リスト表示に変更されます。

Memo クリップ名を変更するには?

パネル内のクリップ名をクリックすると、クリップ名を変更できます。内容が一目でわかる名前にしておくと作業が楽になります。なお、クリップ名を変更しても、元のファイル名は変更されません。

4 クリップを並べ替える

＜パネルオプション＞をクリックし(❶)、＜並べ替え＞→＜デュレーション＞の順にクリックします（❷)。ビデオクリップの時間の長さ順に並び替わります。初期設定では＜ファイル名＞の昇順に並んでいます。

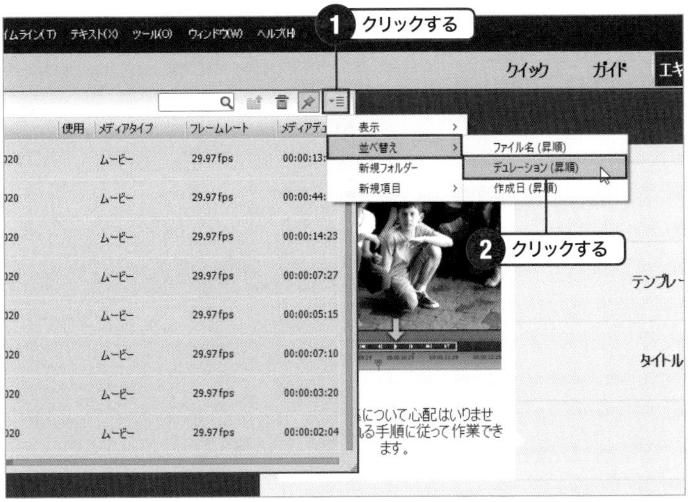

5 クリップの種類ごとに表示／非表示を切り替える

パネル左上のボタンをクリックすると(❶)、動画や写真など、素材の種類ごとに表示／非表示を切り替えられます。特定の素材を探す際に便利です。

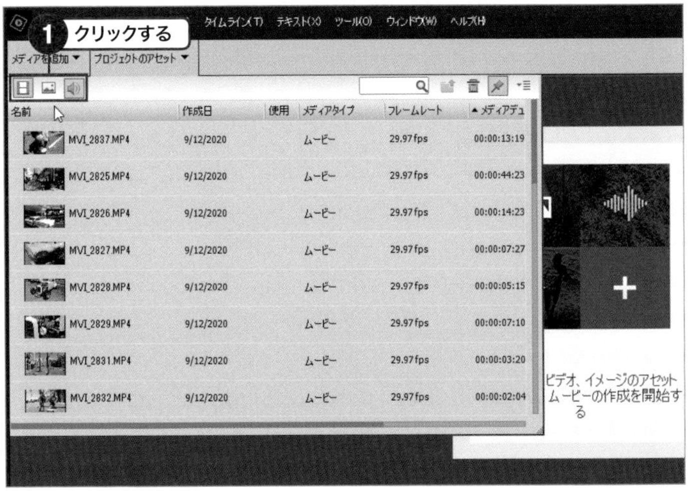

Section 12

読み込んだクリップを再生して確認する

覚えておきたいキーワード

- サムネイル
- クリップモニター
- インポイント／アウトポイント

プロジェクトに読み込んだクリップはサムネイルが表示されますが、似たようなシーンでは内容の違いが判断できません。クリップをプレビューして内容を確認してから作業に入ります。

1 クリップモニターで再生する

1 プレビューしたいクリップを選択する

＜プロジェクトのアセット＞パネルで再生したいクリップのサムネイルをダブルクリックします（❶）。

2 クリップモニターが表示された

クリップモニターが表示されました。ビデオクリップや音声クリップの場合は、＜再生＞をクリックすると（❶）、再生がはじまります。

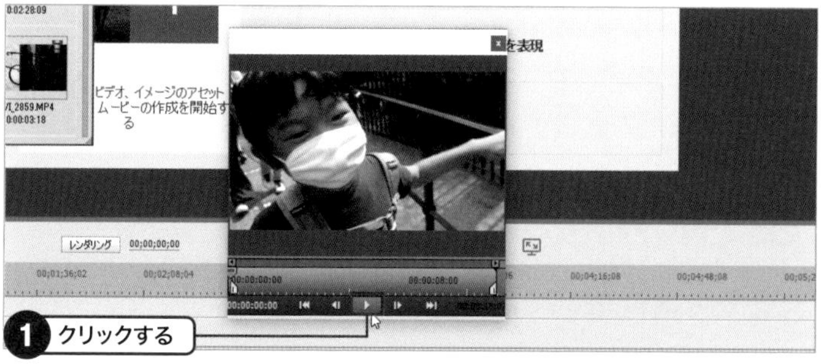

Memo クリップモニターを大きくするには？

クリップモニターのコーナー部分をドラッグすることで（❶）、クリップモニターの大きさを自由に変えることができます。

2 クリップモニターの各部名称と機能

名称	内容
❶ズームコントロール	時間軸を拡大／縮小します。
❷時間インジケーター	現在の再生位置を示します。
❸＜現在の時間＞	時間インジケーターの位置をタイムコードで示します。
❹＜クリップのデュレーション（長さ）＞	トリミングしたクリップの長さをタイムコードで示します。
❺＜巻き戻し＞ボタン	クリックするごとに4段階まで巻き戻し速度が速くなります。
❻＜前のフレーム＞ボタン	1フレーム（コマ）ずつ前に戻ります。
❼＜再生／一時停止＞ボタン	クリックするごとに再生と一時停止を繰り返します。
❽＜次のフレーム＞ボタン	1フレーム（コマ）ずつ先に進みます。
❾＜早送り＞ボタン	クリックするごとに4段階まで早送り速度が速くなります。
❿＜インポイント＞	クリップのトリミング開始位置を設定します。
⓫＜アウトポイント＞	クリップのトリミング終了位置を設定します。

Hint

タイムコードの数字の意味は？

タイムコードは00（時間）：00（分）：00（秒）：00（フレーム）を表します。フレームとは、動画や音声の一コマを表す単位で、通常、30フレームで1秒です。撮影機材によっては1秒間で60フレームや120フレームの動画を撮影できるものもあります。

Section 13

クリップの「どこを使うか」を指定する

覚えておきたいキーワード

- インポイント
- アウトポイント
- トリミング

取り込んだ動画素材の明らかに不要な部分は、あらかじめトリミングしておくことで、あとの編集がよりスムーズに行えます。ここでは、クリップモニター上でクリップをトリミングする方法について解説します。

1 インポイントとアウトポイントを指定する

1 インポイントを設定する

P.38を参考にクリップモニターを開きます。インポイントをドラッグし（❶）、使用したい範囲の開始位置を設定します。

2 アウトポイントを設定する

同様に、アウトポイントをドラッグし（❶）、使用したい範囲の終了位置を設定します。

2 時間軸を拡大して調整しやすくする

1 時間軸を拡大する

ズームコントロールの端を内側にドラッグすると（❶）、時間軸が拡大します。時間軸を拡大することで、細かな調整が可能になります。

2 時間軸を縮小する

ズームコントロールの端を外側にドラッグすると（❶）、時間軸が縮小します。

Hint

クリップモニターを閉じるには？

クリップモニター右上の<閉じる>をクリックすると、クリップモニターを閉じることができます。

Memo

時間インジケーターをもっと滑らかに動かすには？

クリップモニターの<現在の時間>を左右にドラッグすることで（❶）、クリップをより滑らかにプレビューすることができます。

Section

14 クリップを整理／削除する

覚えておきたいキーワード

- 新規フォルダー
- 削除
- 検索

クリップを種類や内容別に分類したり、不要なクリップを削除することで、効率よく作業を進めることができます。ここでは、＜プロジェクトのアセット＞パネルでクリップを管理する方法について解説します。

1 フォルダーでクリップを整理する

1 フォルダーを作成する

＜プロジェクトのアセット＞パネルで＜パネルオプション＞をクリックし（❶）、＜新規フォルダー＞をクリックします（❷）。

Memo フォルダー名を変更するには？

フォルダー名を変更するには、フォルダー名にカーソルを合わせてクリックします。

2 クリップをフォルダーに移動する

＜プロジェクトのアセット＞パネルにフォルダーが作成されます。格納したいクリップを選択し、フォルダーにドラッグします（❶）。フォルダーをダブルクリックします（❷）。

Memo 複数のクリップを選択するには？

複数のクリップを選択する場合は、Ctrl（command）を押しながらクリックします。また、連続したクリップの先頭をクリック後、Shift を押しながら最後をクリックすると、その間のクリップを一度に選択できます。

3 フォルダー内を確認する

フォルダー内を確認できます。親階層に移動するには、＜削除＞の左側のボタンをクリックします（❶）。

Hint クリップをフォルダーから出すには?

クリップをフォルダーの外に移動するには、対象となるクリップを右クリックし、＜カット＞をクリックします。手順 3 の操作で上の階層に移動したら、右クリックのメニューから＜ペースト＞をクリックします。

2 クリップを削除する

1 不要なクリップを削除する

不要なクリップをクリックして、Delete（fn + delete）を押します（❶）。確認のメッセージが表示された場合は＜はい＞をクリックします。

Memo 削除されたクリップはもう使えない?

ここで削除されたクリップは、プロジェクトから削除されるだけで、ファイルが削除されるわけではありません。再度読み込むことで使用できます。

Hint クリップが増えてきたらリスト表示が便利

パネルオプションメニューから＜表示＞→＜リスト表示＞の順にクリックすると、表示がリスト表示になります（P.37手順 3 参照）。フォルダー内を一覧することができるので、使用するクリップが多くなってきたら使ってみましょう。

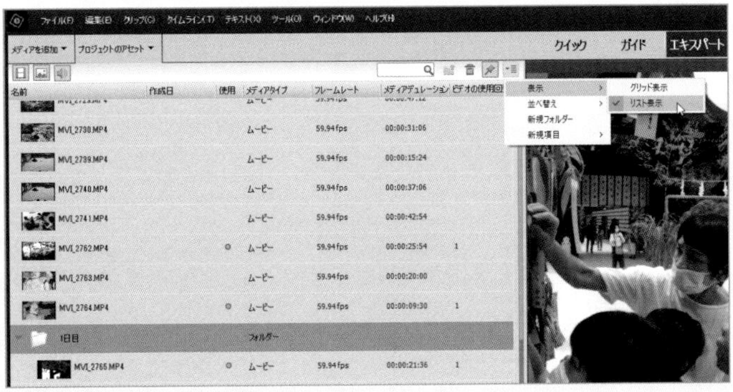

Section 15

プロジェクトを保存／バックアップする

覚えておきたいキーワード
- 保存
- 別名で保存
- プロジェクトのバックアップ

編集作業を中断したい場合や、現在の作業状況を保存しておきたい場合は、プロジェクトを保存します。また、素材クリップも含めてプロジェクトのバックアップを取る方法についても解説します。

1 プロジェクトを保存する

1 上書き保存する

<ファイル>をクリックし（❶）、<保存>をクリックすると（❷）、作成したプロジェクトファイルに上書き保存されます。

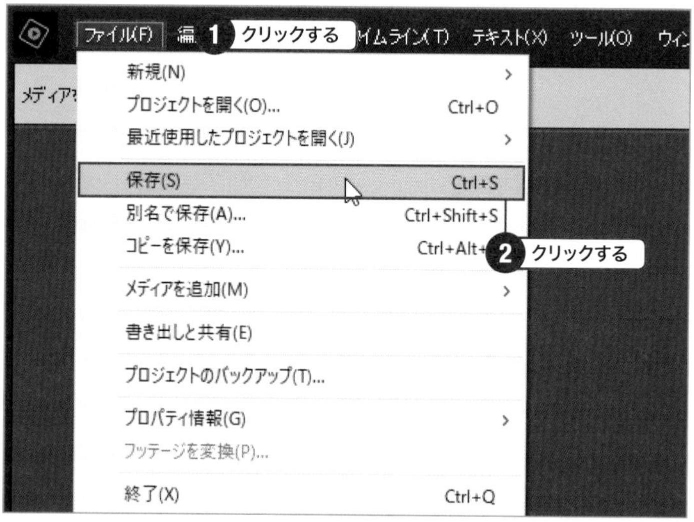

2 別名で保存する

<ファイル>→<別名で保存>の順にクリックすると、<プロジェクトを保存>画面が表示されます。プロジェクトを保存する場所を指定し（❶）、ファイル名を入力して（❷）、<保存>をクリックすると（❸）、プロジェクトが別名で保存されます。

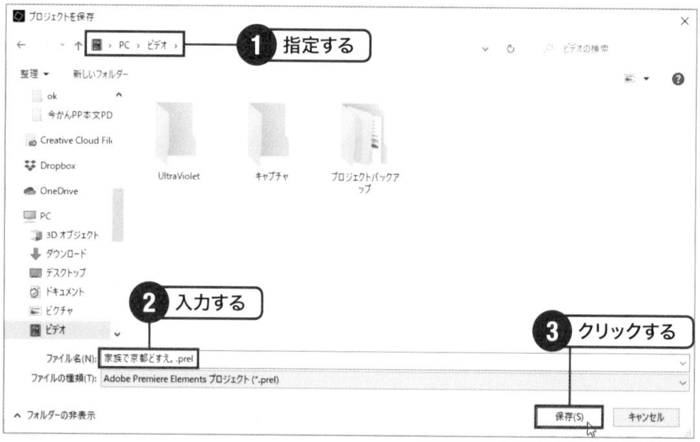

2 プロジェクトをバックアップする

1 プロジェクトのバックアップを実行する

＜ファイル＞をクリックして（❶）、＜プロジェクトのバックアップ＞をクリックします（❷）。

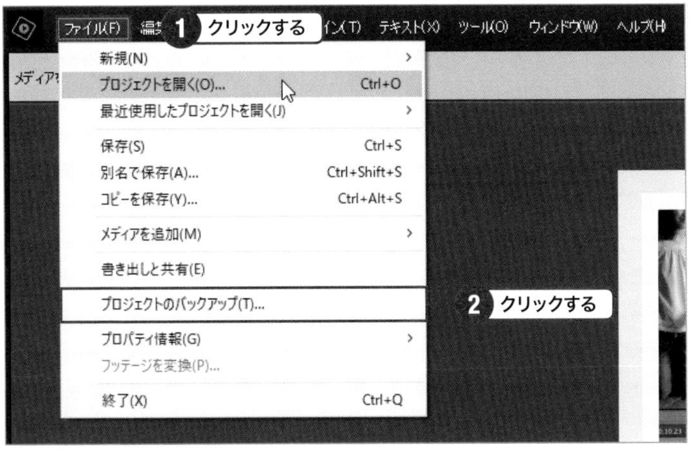

2 バックアップを設定する

＜プロジェクトのコピー＞画面で＜プロジェクトをコピー＞か＜プロジェクトをすべてコピー＞のどちらかをクリックします（❶）。＜参照＞をクリックして任意のバックアップ先を指定したら（❷）、＜OK＞をクリックします（❸）。

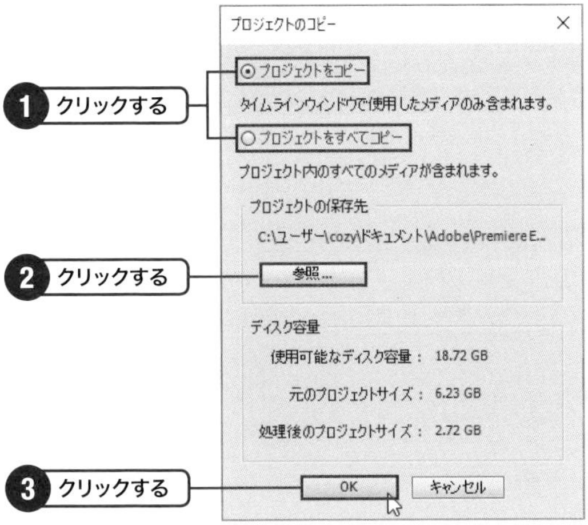

Memo バックアップについて

プロジェクトのバックアップで保存したデータがあれば、ハードディスク／SSDやパソコンが変わったとしても作業を続けることが可能です。

・＜プロジェクトをコピー＞
タイムラインに配置されたクリップを含んだプロジェクトファイルを保存します。タイムラインに配置されていないファイルは含みません。

・＜プロジェクトをすべてコピー＞
プロジェクトのアセットに読み込んだすべてのデータを含んだプロジェクトファイルを保存します。読み込んだビデオなどの素材をすべて含むため、ファイルサイズが大きくなります。

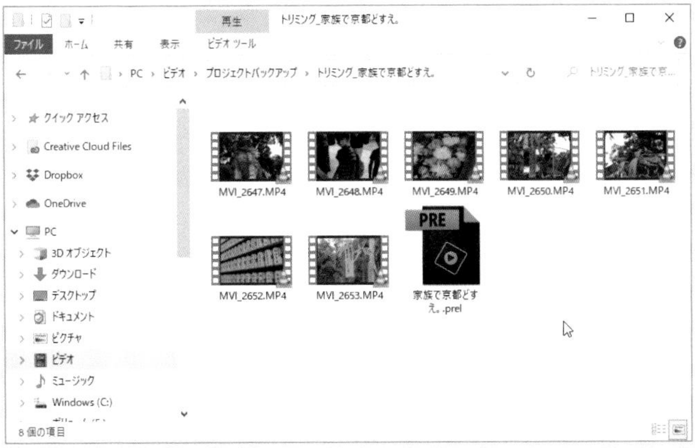

Section 16

プロジェクトを開く

覚えておきたいキーワード

- プロジェクトを開く
- 最近使用したプロジェクトを開く
- 新規項目

編集内容を保存したプロジェクトファイルを開くことで、保存時の状態から作業を再開することができます。また、直近に使用したプロジェクトはメニューからダイレクトに開くことが可能です。

1 ホーム画面から最近使用したファイルを開く場合

1 ホーム画面から開く

P.18手順 1 の操作で、ホーム画面を表示します。＜ビデオの編集＞ボタンの下にある「最近使用したファイル」に表示される、最近使用したプロジェクトのファイル名をクリックします❶。

❶ クリックする

2 ファイルを指定する

Premiere Elements 2021が起動し、指定したプロジェクトが開きます。

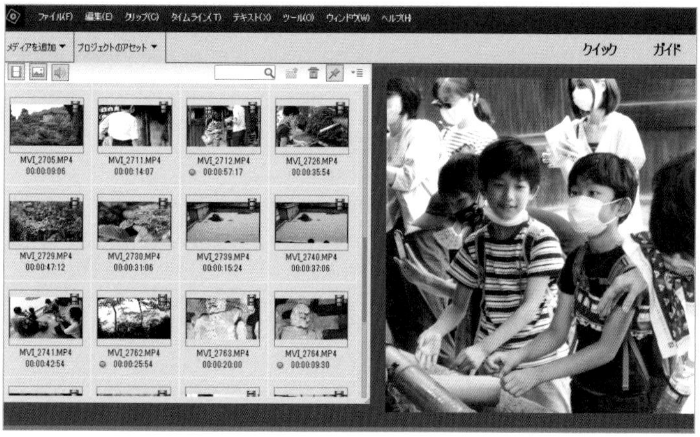

2 Premiere Elementsの画面から開く場合

1 ファイルメニューから開く

<ファイル>をクリックして（❶)、<プロジェクトを開く>をクリックします（❷)。

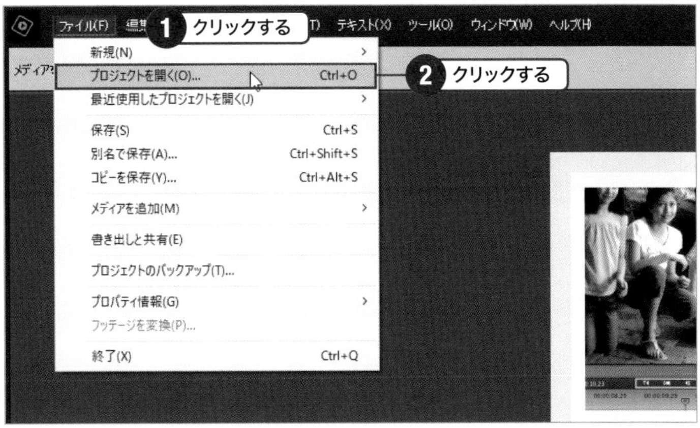

2 ファイルを指定する

<プロジェクトを開く>画面が表示されるので目的のファイルをクリックして（❶)、<開く>をクリックします（❷)。

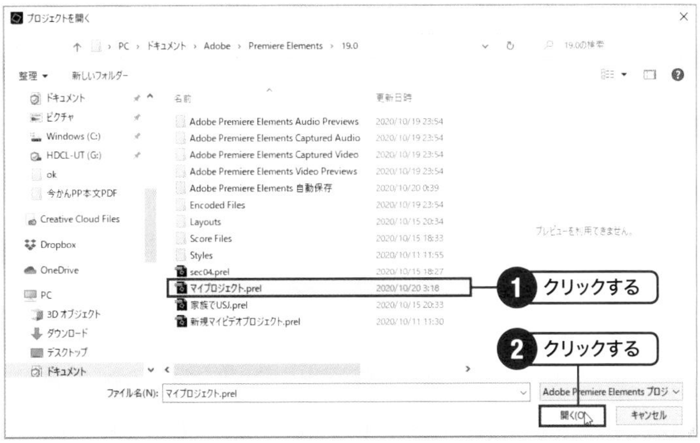

Hint メニューから最近使用したプロジェクトを開く

直近で使用したプロジェクトは5つまで記憶しており、メニューからダイレクトに開くことができます。<ファイル>→<最近使用したプロジェクトを開く>の順にクリックし、目的のファイルを指定します（❶)。

Stepup 自動バックアップについて

Premiere Elementsでは、5分おきに自動でバックアップを実行する機能が初期状態で設定されています。以下の方法で設定を変更できます。

1 環境設定画面を開く

＜編集＞（Macでは＜Adobe Premiere Elements 2021 Editor＞）→＜環境設定＞→＜自動保存＞の順にクリックします（❶）。

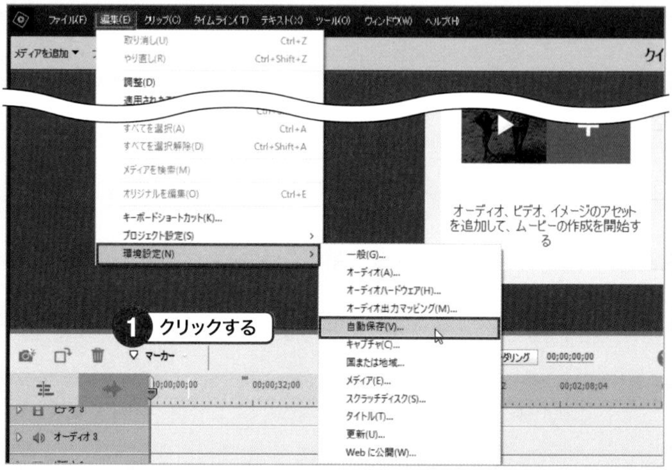

2 プロジェクトの自動保存を設定する

プロジェクトの自動保存を設定できます。

プロジェクトを自動保存…チェックを外すと、自動保存の機能をオフにします。

自動保存の間隔…自動保存を実行するタイミングを指定します。

プロジェクトバージョンの最大数…直近でいくつまでのファイルを残すかを指定します。

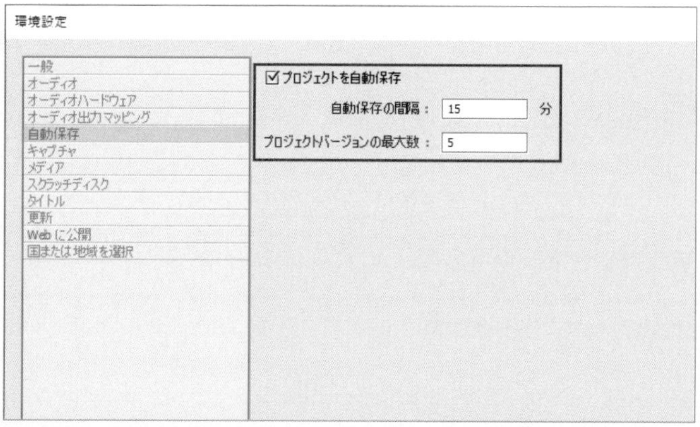

3 自動保存されたプロジェクトを開く

通常、自動保存されたプロジェクトは＜PC（＜Macintosh HD＞→＜ユーザー名＞）＞→＜ドキュメント（＜書類＞）＞→＜Adobe＞→＜Premiere Elements＞→＜19.0＞→＜Adobe Premiere Elements 自動保存＞フォルダーに保存されます。P.46～47を参考にファイルを開いてください。

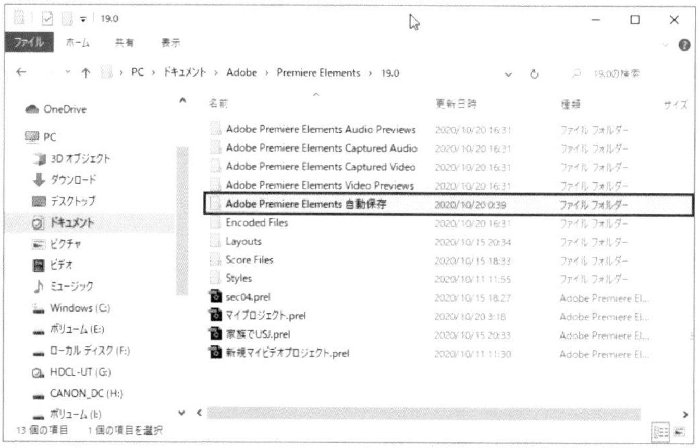

第3章

クリップの基本編集と切り替え効果

Section 17 クリップをタイムラインに追加する
Section 18 追加したクリップを再生する
Section 19 クリップを別のトラックに追加する
Section 20 タイムライン表示を変更して編集しやすくする
Section 21 クリップを移動する
Section 22 クリップの長さを調整する／分割する
Section 23 クリップの一部のシーンを抽出する
Section 24 写真をクリップとして使う
Section 25 写真に動きを付ける
Section 26 クリップを拡大／回転する
Section 27 クリップをフェードイン／フェードアウトする
Section 28 クリップに切り替え効果を追加する　-トランジション
Section 29 トランジションを削除する／置き換える
Section 30 トランジションの効果を調整する
Section 31 編集操作を取り消す／やり直す

Section
17

クリップをタイムラインに追加する

覚えておきたいキーワード
- タイムライン
- 時間インジケーター
- トラック

Premiere Elementsでは、プロジェクトに読み込んだ各種クリップを、タイムラインに配置することで編集作業を進めていきます。ここでは、クリップをタイムラインに配置・削除する方法について解説します。

1 クリップをタイムラインに追加する

1 クリップを追加する

＜プロジェクトのアセット＞パネルで、タイムラインに配置したいクリップを右クリックし（❶）、＜タイムラインに挿入＞をクリックします（❷）。

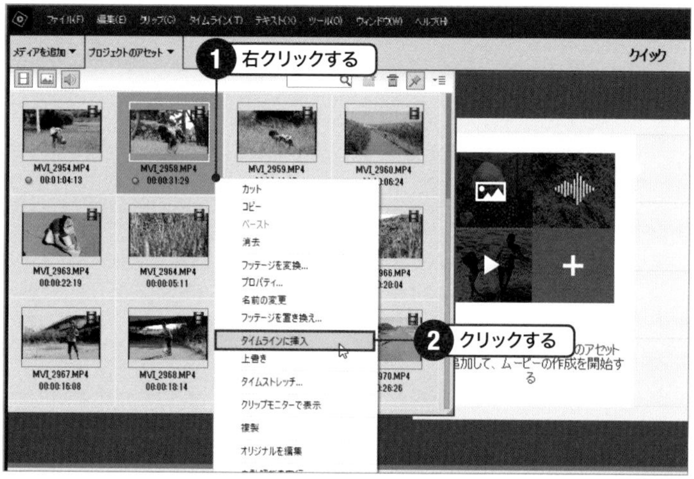

Hint ドラッグでも追加できる

＜プロジェクトのアセット＞パネルで、クリップをタイムライン上にドラッグすることでも配置できます。

2 クリップが追加された

時間インジケーターの位置を先頭として、クリップがタイムラインの＜ビデオ1＞トラック（オーディオクリップの場合は＜オーディオ1＞トラックのみ）に追加されました（❶）。

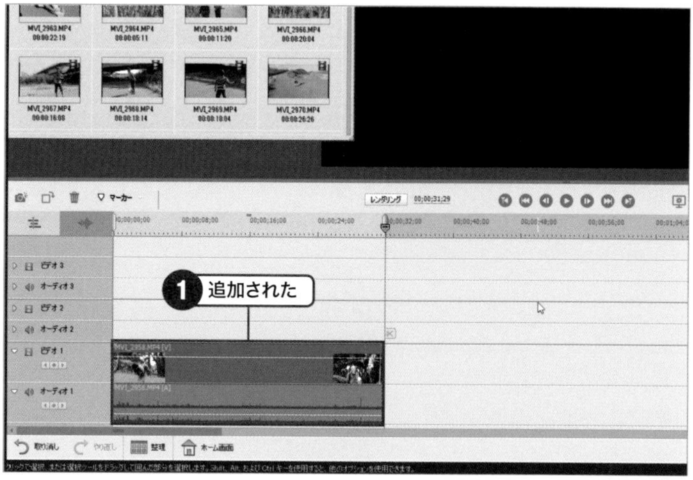

Hint クリップに重ねて配置すると?

すでにタイムラインに配置されているクリップ上に重ねてドラッグすると、元々配置されていたクリップが分割されます。

2 追加したクリップを削除する

1 クリップを削除する

タイムライン上の、削除したいクリップをクリックして Delete を押します（❶）。

2 クリップが削除された

クリップが削除されました（❶）。

Memo

削除されるのはタイムライン上だけ

削除されたクリップはタイムライン上からはなくなりますが、＜プロジェクトのアセット＞パネルからはなくなりません。

Memo

＜ビデオ1＞や＜ビデオ2＞の違いは？

タイムラインには、動画用とオーディオ用に3つずつ、また、音声（ナレーション）用と音楽（BGM）用にそれぞれ1つずつ、トラックが用意されています。動画の上に別の動画を重ねたり、一時的にほかの動画に切り替える場合にトラックを分けて使用します。トラックは必要に応じて追加することができます。トラックを追加する方法についてはP.55のHintを参照してください。

Section 18

追加したクリップを再生する

覚えておきたいキーワード
- プレビューウィンドウ
- 時間インジケーター
- 再生コントロール

タイムラインに追加したクリップを再生するには、プレビューウィンドウを使用します。プレビューウィンドウでは、大きなサイズでタイムライン上の動画を確認することができます。

1 ドラッグして再生する

1 時間インジケーターをドラッグする

タイムライン上の時間インジケーターを左右にドラッグすると（❶）、クリップを手動で再生できます。右側にドラッグで早送り、左側にドラッグで巻き戻しとなります。

Hint 滑らかに再生するには？

時間インジケーターをドラッグして再生すると、1フレームずつの再生ではなく、いくつかのフレームが飛ばされて表示される場合があります。その場合は、タイムラインの時間軸を拡大表示しましょう（P.56参照）。

2 タイムコードをドラッグする

タイムライン上部のタイムコード上を左右にドラッグすると（❶）、1フレームずつの滑らかな再生になります。

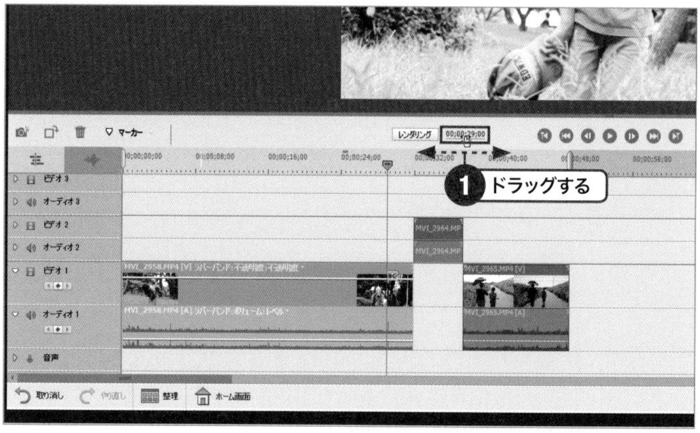

2 クリップを先頭から再生する

1 クリップの先頭を表示する

＜前の編集ポイントへ移動＞をクリックすると（❶）、時間インジケーターがクリップの先頭（前の編集ポイント）に移動します。

Keyword

編集ポイント

編集ポイントとは、タイムライン上のクリップの開始部分と終了部分を指します。複数のクリップが配置されている場合は、編集ポイントごとに移動することで効率よく作業できます。

2 クリップを再生する

＜再生／一時停止＞をクリックすると(❶)、クリップの先頭から再生されます。

Hint

フルスクリーン再生をするには?

画面いっぱいのサイズで再生するには、＜フルスクリーンで再生＞ボタンをクリックします。

Memo

再生コントロールの見方

再生コントロールの各種ボタンの名称は、右の通りです。
＜前（次）の編集ポイントへ移動＞をクリックすると、クリップのつなぎ目へ瞬時に移動します。また、＜巻き戻し（早送り）＞は、複数回押すことで再生速度が徐々に上がります。

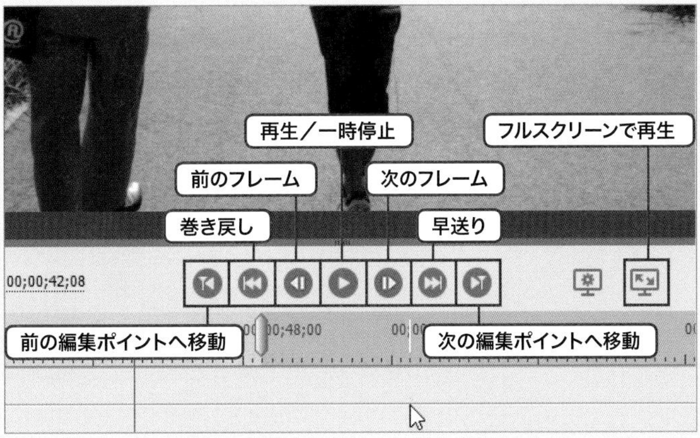

Section 19

クリップを別のトラックに追加する

覚えておきたいキーワード

- エキスパートビュー
- トラック
- トラックの追加

エキスパートビューでの操作方法の大きな特徴の1つは、複数のトラックを使った編集ができることです。これにより、トラックごとに動画を切り替えるなど、より高度な編集作業が可能になります。

1 トラックとは?

トラックとは、動画や音声のクリップを配置するレーンのことです。各クリップを別トラックに分けて編集することで、画面を切り替えるタイミングを調整したり、合成したりする際に効率よく作業することができます。

2 クリップを別のトラックに追加する

1 クリップの開始位置を決定する

あらかじめ映像を切り替えたい位置に時間インジケーターをドラッグします(❶)。タイムライン上にクリップが配置されていない場合は、P.50を参照し、クリップを配置しておきます。

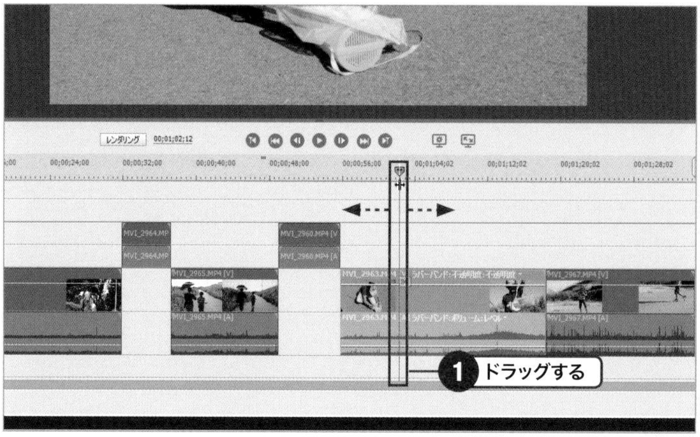

2 クリップをトラックに追加する

＜プロジェクトのアセット＞をクリックします（❶）。追加したいクリップを、別のトラックの時間インジケーターの位置へドラッグします（❷）。

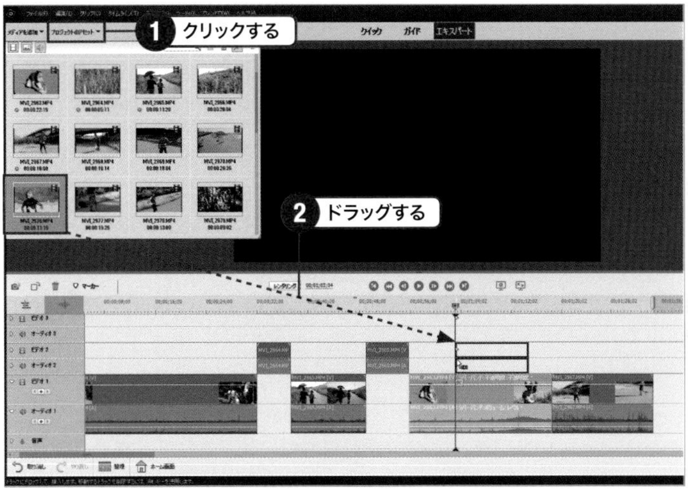

3 再生して確認する

＜再生＞をクリックして（❶）、下層トラックに配置されたクリップが隠れ、上層のクリップに切り替わるのを確認します。

Stepup どういう場面で複数トラックを使うの？

複数トラックを使うことで、上層トラックの位置調整が楽にできます。また、タイトルや、背景が透明なイラストなどを配置して下層レイヤーと合成する際にも使用します。

Hint トラックを追加するには？

トラックの数が足りなくなった場合は、追加することができます。
＜タイムライン＞メニューから＜トラックの追加＞をクリックします。＜トラックの追加＞画面で、追加したいトラックの数と階層を指定し（❶）、＜OK＞をクリックするとトラックを追加できます（❷）。

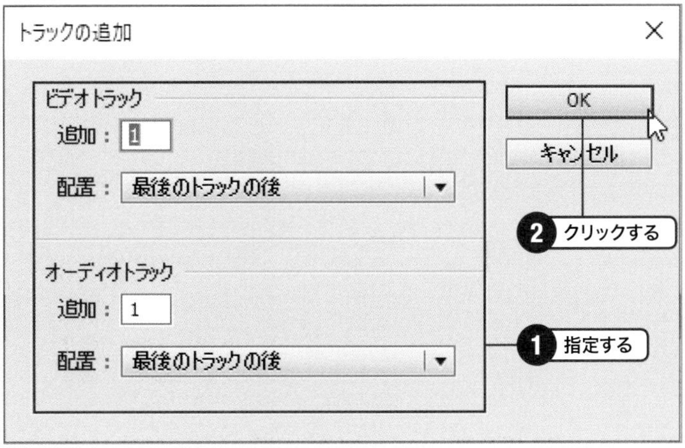

Section 20

タイムライン表示を変更して編集しやすくする

覚えておきたいキーワード
- ズームコントロール
- 表示タイムラインに合わせる
- トラック

タイムラインに配置されたクリップを編集する際、フレーム単位の微妙な調整が必要な場合があります。ここでは、タイムラインを拡大／縮小表示する方法と、トラックの表示サイズの変更方法を解説します。

1 タイムラインを拡大／縮小する

1 スライダーで拡大する

タイムラインの＜ズームコントロール＞スライダーを右側にドラッグし（❶）、タイムラインの時間軸を拡大します。

拡大される

2 スライダーで縮小する

＜ズームコントロール＞スライダーを左側にドラッグすると（❶）、時間インジケーターを基点に縮小します。

縮小される

3 画面の幅にフィットさせる

<ズームコントロール>スライダー横の<表示タイムラインに合わせる>をクリックすると（❶）、タイムラインに配置されたクリップ全体が画面の幅にフィットします。もう一度クリックすると、全体表示前の状態に戻ります。

2 トラックの表示サイズを変更する

1 タイムラインを右クリックする

タイムラインの余白部分を右クリックし（❶）、<トラックの表示サイズ>→<小>の順にクリックします（❷）。

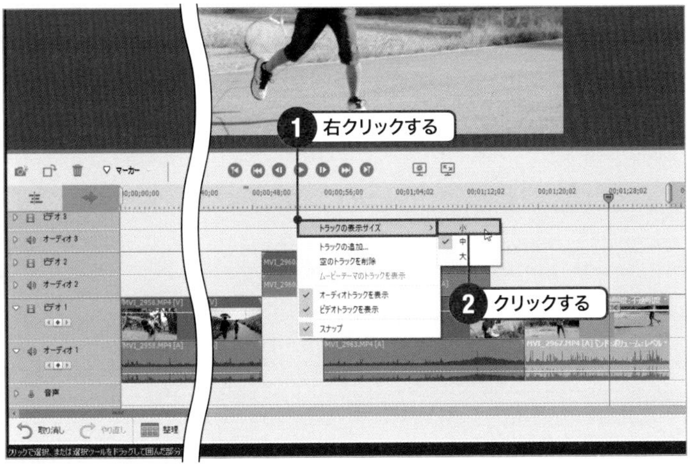

2 トラックのサイズを確認する

トラックのサムネイルサイズが変更され（❶）、より多くのトラックを一度に表示することができました。

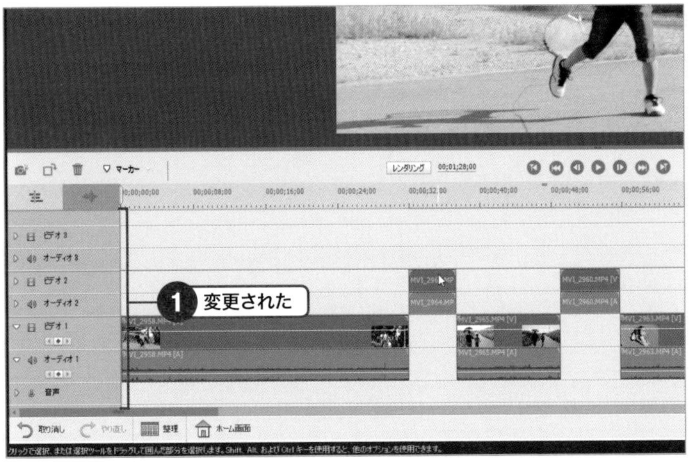

Section 21

クリップを移動する

覚えておきたいキーワード

- トラック
- タイムコード
- フレーム

タイムラインに配置されたクリップは、ドラッグすることで移動させることができます。ここでは、より正確に移動させたい場合に使えるテクニックについても解説します。

1 クリップを移動する

1 クリップの開始位置を決定する

クリップを移動させたい位置に時間インジケーターをドラッグして移動します(❶)。

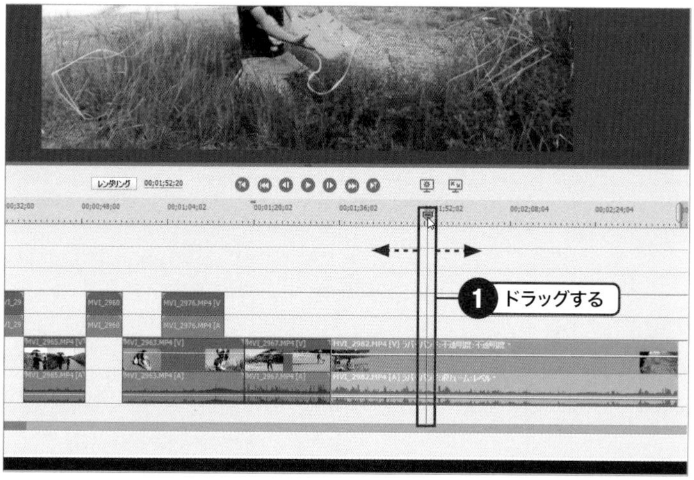

2 クリップをドラッグする

移動させたいクリップをドラッグして時間インジケーターに近づけると(❶)、クリップの端が時間インジケーターに吸い寄せられます。

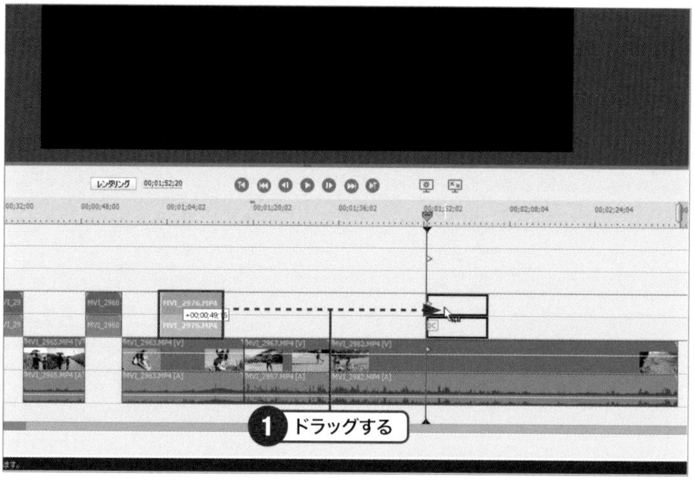

3 クリップが移動した

クリップが時間インジケーターの位置に移動しました（❶）。

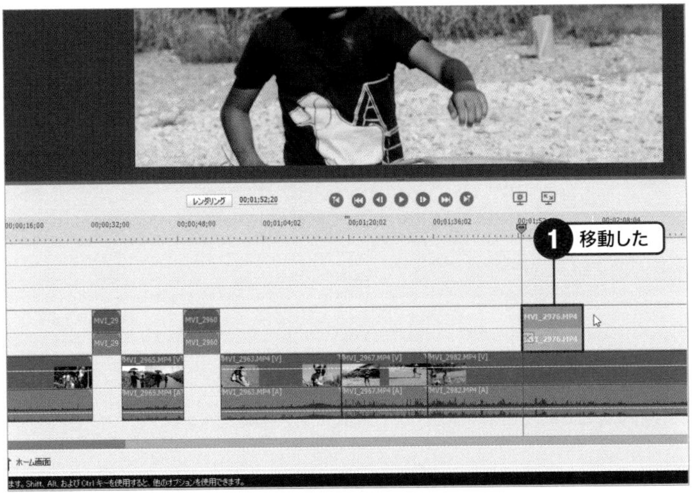

Hint

移動の注意点

クリップを既存のクリップに重ねると、元のクリップが分割され、移動したクリップがその間に割り込む形になります。あとから位置を微調整するのが難しくなるので、その場合は、手順 4 を参考に別のトラックに移動して微調整する方がよいでしょう。

4 別のトラックに移動する

クリップは別のトラックに移動することもできます。タイムライン上のクリップを、目的のトラックにドラッグして移動します（❶）。

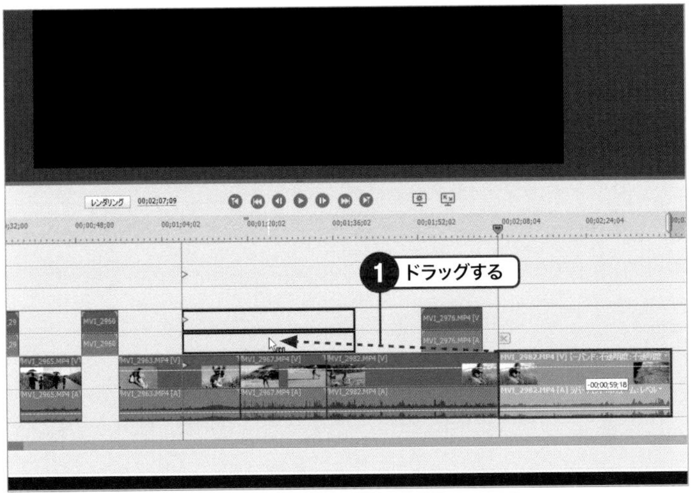

Hint

クリップを上書きするには?

移動対象のクリップで移動先のクリップを上書きしたい場合は、Ctrl（command）を押しながらドラッグします。

Memo

時間インジケーターを微調整するには?

時間インジケーターの位置をフレーム単位で調整するには、タイムコードを利用しましょう。タイムコードを左右にドラッグするか、クリックして数字を入力すると（❶）、指定した位置に時間インジケーターを移動することができます。

Section 22

クリップの長さを調整する／分割する

覚えておきたいキーワード

<トリムイン>アイコン
<トリムアウト>アイコン
SmartTrim

クリップの使用範囲を事前に設定する方法はP.40で解説しました。ここではタイムラインに配置したクリップの長さを、あとから調整する方法を説明します。また、時間インジケーターを使ってクリップを分割する方法を解説します。

1 クリップの長さを調整する

1 開始位置を調整する

対象となるクリップの開始位置にカーソルを合わせます（❶）。カーソルの形が＜トリムイン＞アイコンに変化したら、右側にドラッグします（❷）。

Memo クリップの終了位置を調整するには?

対象となるクリップの終了位置にカーソルを合わせ、カーソルの形が<トリムアウト>アイコンに変化したら左側にドラッグすると、クリップの終了位置を調整できます。

2 開始位置が変更された

ドラッグした分だけクリップの長さが変化し、クリップの開始位置が変更されました（❶）。

Hint クリップモニターでも調整できる

タイムライン上のクリップをダブルクリックすると、クリップモニターが表示されるので、P.40の方法で調整することができます。

第3章 クリップの基本編集と切り替え効果

2 クリップを分割する

1 分割位置を指定する

分割したいクリップをクリックして選択し（❶）、時間インジケーターをドラッグして分割したい位置に移動させます（❷）。＜クリップを分割＞をクリックします（❸）。

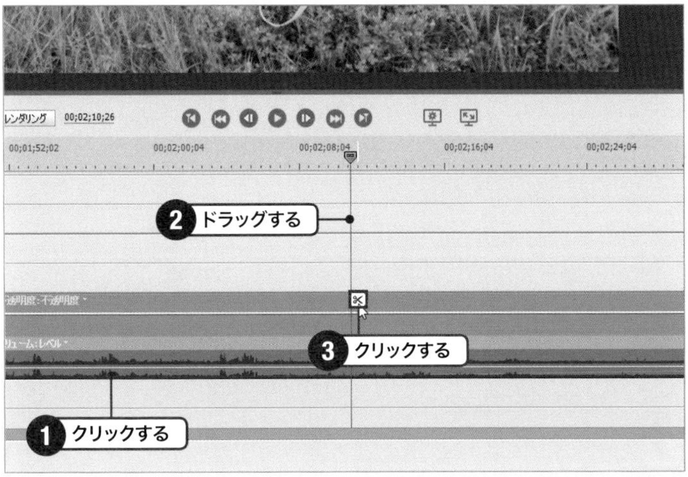

2 クリップが分割された

クリップが分割されました（❶）。

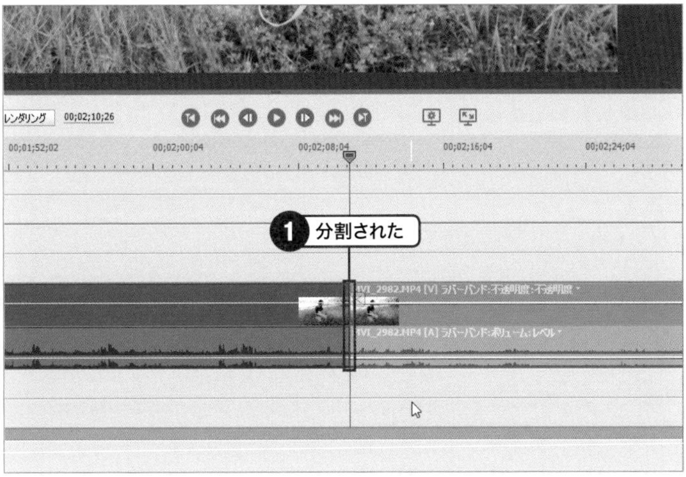

Memo 対象クリップを選択しない場合

分割したいクリップを選択せずに分割した場合、時間インジケーターの位置にあるすべてのクリップが分割されます。

Hint 分割機能を活用できる場面

分割機能を利用すると、クリップ内の不要なパートを削除したり、クリップの中間に別のクリップを挿入したりできます。例えば、1つのクリップを3つに分割すれば、中間のクリップだけを削除することができます。

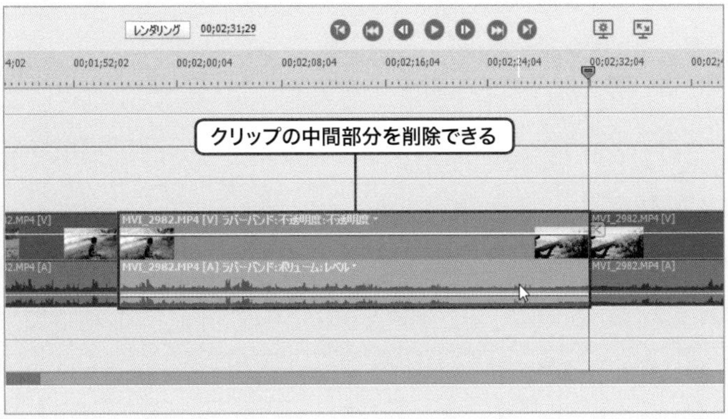

Section 23

クリップの一部のシーンを抽出する

覚えておきたいキーワード

- スマートトリミング
- 抽出
- 統合を書き出し

「スマートトリミング」を使うと、クリップを解析して自動的に「使いやすい」シーンを選別できます。抽出されたシーンは、1つのクリップ、または個別のクリップとしてタイムラインに配置することができます。

1 クリップの一部分を自動で抽出する

1 スマートトリミングを実行する

対象のクリップをクリックして選択します（❶）。ツールバーから<ツール>をクリックして（❷）、<スマートトリミング>をクリックします（❸）。

2 シーンが抽出される

<Smart Trim>画面が表示されます。クリップが自動的に解析され、抽出されたシーンが青い枠で囲まれます（❶）。<プレビュー>をクリックし（❷）、結果を確認します。

Hint

<トランジションを適用>とは?

<トランジションを適用>にチェックが入っていると、自動的にシーン間にトランジションが設定されます（P.72参照）。不要な場合はチェックを外しておきます。

3 抽出結果を書き出す

抽出されたシーンを書き出して、元の映像が配置されたタイムラインに書き出します。ここでは、<統合を書き出し>をクリックします（❶）。

Memo

<個別に書き出し>との違いは？

<統合を書き出し>は、抽出したシーンを1つのクリップとしてまとめてタイムラインに配置します。一方、<個別に書き出し>は抽出したシーンにクリップとしてタイムラインに配置します。

4 タイムラインに配置された

抽出されたシーンが、1つのクリップとしてタイムラインに配置されました（❶）。

Hint

スマートトリミングをやり直すには？

<統合を書き出し>で作成したクリップは、ダブルクリックすることで再度調整することができます。<個別に書き出し>で作成した場合は、はじめからやり直す必要があります。

Stepup

スマートトリミングを使いこなそう

スマートトリミングは、プリセットを切り替えることで「どのようなシーンを自動抽出するか」を選択できます。「人物」では人の顔、「アクション」では人の動き、「ミックス」では人の顔や動き、カメラの動きを探し出して抽出してくれます。なお、スライダーを調整することでシーンの抽出量を変更することが可能です。抽出量を減らしたい場合は<小>側、増やしたい場合は<多>側にそれぞれドラッグします。また、自動での抽出に不満がある場合は手動で微調整することもできます。タイムライン上の抽出されたシーンにカーソルを合わせ、青い枠の端部をドラッグしましょう。詳しくはP.80のStepup「手動でシーンを抽出するには？」を参照してください。

※トリムエリアを追加する場合は、アイコンをクリックします。

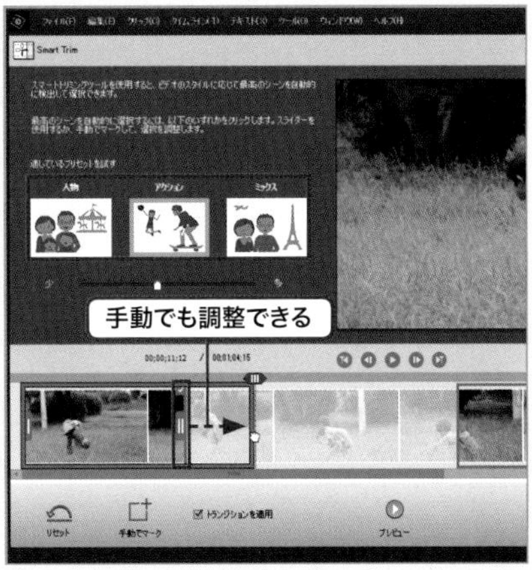

Section 24

写真をクリップとして使う

覚えておきたいキーワード
- 写真クリップ
- 環境設定
- デフォルトトデュレーション

クリップとして使用できるのは、ムービーファイルだけではありません。写真や音声、イラストなどもクリップとして扱うことができます。ここでは、写真データをクリップとして扱う方法について解説します。

1 写真をタイムラインに追加する

1 写真を配置する

<プロジェクトのアセット>をクリックし(❶)、配置したい写真をタイムライン上にドラッグします(❷)。

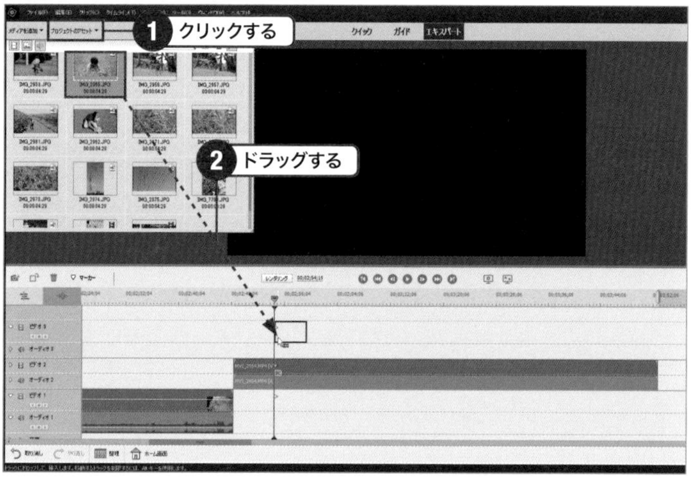

2 写真が配置された

タイムライン上に写真クリップが配置されました(❶)。

2 写真の表示時間を調整する

1 写真をトリミングする

対象となるクリップの端にカーソルを合わせます。カーソルの形が<トリムイン>アイコン⇹か<トリムアウト>アイコン⇹に変化したらドラッグします（❶）。

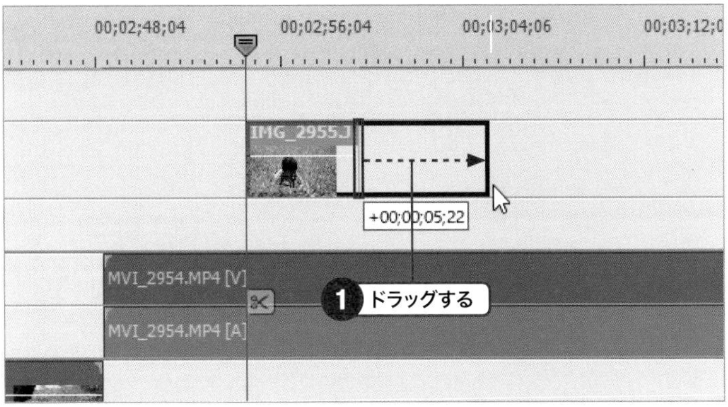

2 写真の表示時間が調整された

ドラッグした分だけ、クリップの表示時間が変更されました（❶）。

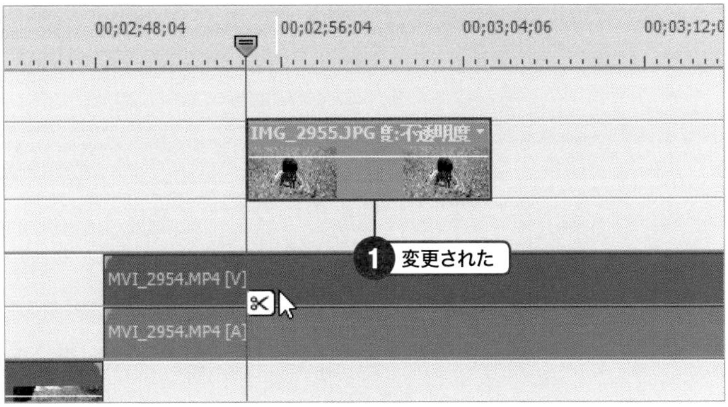

Memo

写真の表示時間（デュレーション）は何秒？

初期設定では、写真のデュレーションは「5秒」に設定されています。初期設定は、以下の手順で変更することができます。

<編集>（Macでは<Adobe Premiere Elements 2021 Editor>）→<環境設定>→<一般>の順にクリックします（❶）。<静止画のデフォルトデュレーション>の数字を変更し（❷）、<OK>をクリックします。単位は「秒」、または「フレーム」で指定します。なお、1秒は30フレームです。

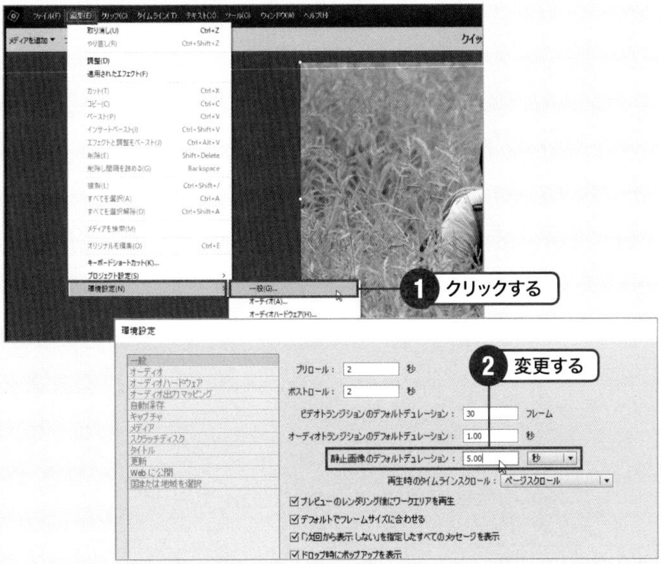

Section 25

写真に動きを付ける

覚えておきたいキーワード
- ツール
- パンとズーム
- フォーカスフレーム

Premiere Elementsを使えば、写真に移動やズームなどの動きを付けることができます。ここでは、「パンとズーム」の機能を使って、写真や動きの少ない動画に動きを与える方法を解説します。

1 パンとズームを設定する

1 パンとズームを実行する

タイムライン上の写真クリップをクリックして選択します（❶）。ツールバーから＜ツール＞をクリックし（❷）、＜パンとズーム＞をクリックします（❸）。

2 フレーム1（開始位置）を設定する

「1」の枠内が写真クリップの開始時の状態を示します。「1」のフォーカスフレームをクリックしてから端をドラッグし（❶）、大きさを変更します。また、フォーカスフレーム内をドラッグして（❷）、フレームを移動させます。

Hint

被写体の表情をじっくり見せたい

画面下部の＜顔フレーム＞をクリックすると、映っている人物の顔を認識して、顔が画面の中央にくるように自動的にパン＆ズームするアニメーションを作成します。

3 フレーム2（終了位置）を設定する

「2」の枠内が写真クリップの終了時の状態を示します。「2」のフォーカスフレームをクリックします（❶）。手順2と同様に、フレームの大きさや位置を変更します（❷）。

Memo フレームがたくさんある

写真内に複数の人物が映っている場合、<顔フレーム>機能が自動的に人数分のフレームを作ります。不要な場合は、<リセット>ボタンをクリックし、必要な分だけ<新規フレームを追加>ボタンを押してください。

4 フレームの静止時間を設定する

各フレームの枠内にカーソルを合わせ、<保持>をクリックします（❶）。<保持時間>画面が表示されるので、デュレーションを設定し（❷）、<OK>をクリックします（❸）。

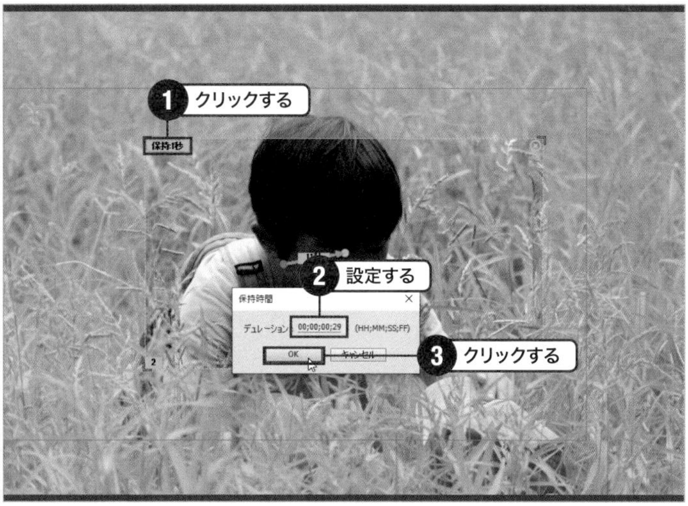

Hint フレームの移動時間を設定するには？

2フレーム目以降のフォーカスフレームをクリックし、枠の移動を示す矢印上の秒数をクリックし、<パン時間>を調整します。

5 パンとズームを終了する

<プレビュー>をクリックし（❶）、どのように変化するかを確認します。<完了>をクリックし（❷）、<パンとズームツール>画面を閉じます。

Hint フレームを追加・削除するには？

<新規フレームを追加>をクリックすると、時間インジケーターの位置に新規フレームが追加されます。また、フレームの右上にある<×>をクリックすると、フレームが削除されます。

Section 26

クリップを拡大／回転する

覚えておきたいキーワード

- 適用されたエフェクト
- モーション
- アンカーポイント

クリップは自由に拡大／縮小、回転させて表示することができます。ここでは、エフェクトを用いたクリップの変形方法について解説します。

1 クリップを拡大する

1 適用されたエフェクトを開く

対象のクリップをクリックして選択しておきます。ツールバーの＜適用されたエフェクト＞をクリックし（❶）、＜モーション＞をクリックしてパネルを展開します（❷）。

2 クリップを拡大する

＜縦横比を固定＞にチェックが入っていることを確認します（❶）。＜スケール＞スライダーを左右にドラッグし（❷）、スケールを変更します。右側にドラッグすると拡大します。

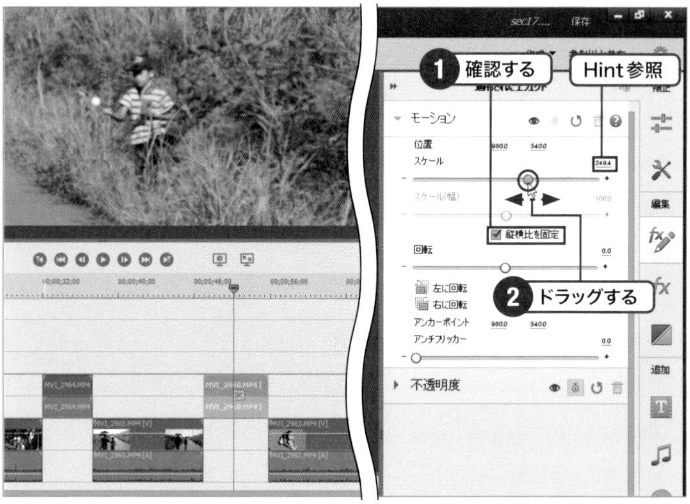

Hint

大きさを微調整するには?

スライダーの右上にある数値をドラッグすると、微調整ができます。このとき、Shift を押しながらドラッグすると、数値の変動が大きくなります。

2 クリップを回転する

1 適用されたエフェクトを開く

対象のクリップをクリックして選択しておきます。ツールバーの＜適用されたエフェクト＞をクリックし（❶）、＜モーション＞をクリックして展開します（❷）。

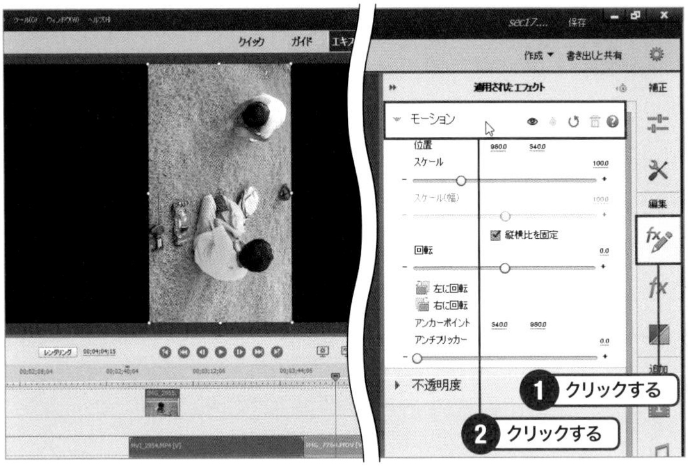

Keyword

アンカーポイント

通常は、クリップの中央がアンカーポイントとなります。アンカーポイントはクリップの位置を示す基準点であると同時に、クリップを回転する際の回転軸になります。

2 クリップを回転する

＜回転＞スライダーを左右にドラッグし（❶）、クリップを回転します。また、＜左に回転＞、＜右に回転＞をクリックすると（❷）、1回クリックするごとに90度（－90度）ずつ回転します。

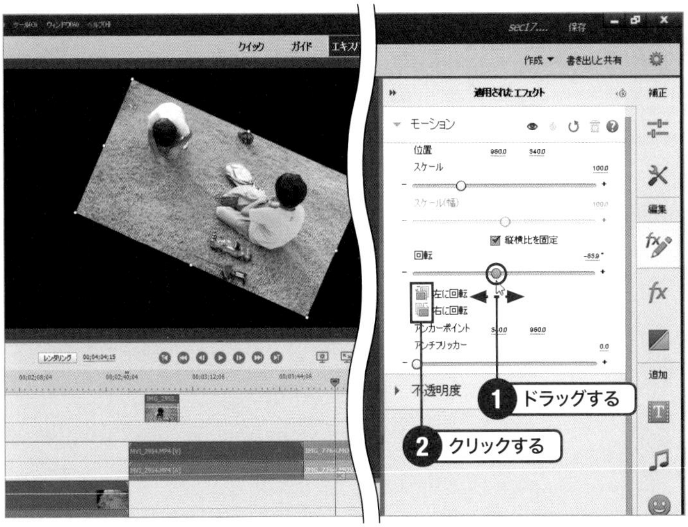

Hint

クリップの位置を変更するには?

クリップの位置は、＜モーション＞内にある＜位置＞の数値を左右にドラッグすることで変更できます。

Memo

変形をやり直すには?

ここで行った変形操作は、＜リセット＞をクリックすることで（❶）、まとめて元の状態に戻すことができます。

Section 27

クリップをフェードイン／フェードアウトする

覚えておきたいキーワード
- フェードイン
- フェードアウト
- キーフレーム

徐々に不透明度を上げて動画や写真を表示する手法をフェードイン、反対に徐々に不透明度を下げて見えなくする手法をフェードアウトといいます。落ち着いた印象や動画の余韻を引っ張りたい場合に使用するテクニックです。

1 フェードイン／フェードアウトを設定する

1 適用されたエフェクトを開く

対象のクリップをクリックして選択しておきます。ツールバーの＜適用されたエフェクト＞をクリックし（❶）、＜不透明度＞をクリックしてパネルを展開します（❷）。

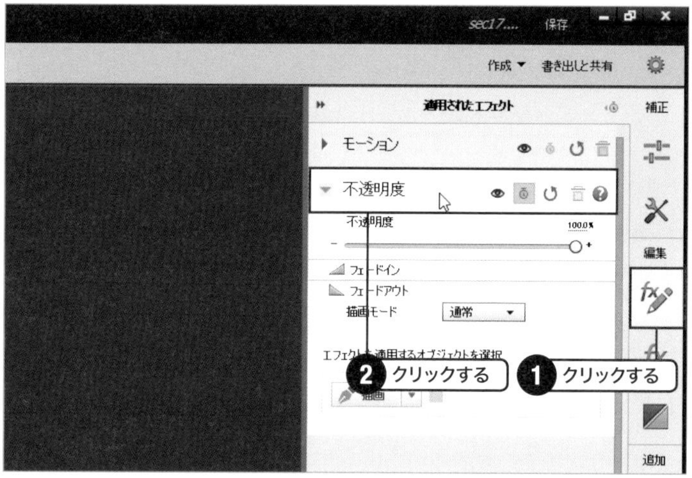

2 フェードインを設定する

＜フェードイン＞をクリックして（❶）、フェードインを設定します。再生して確認してみましょう。

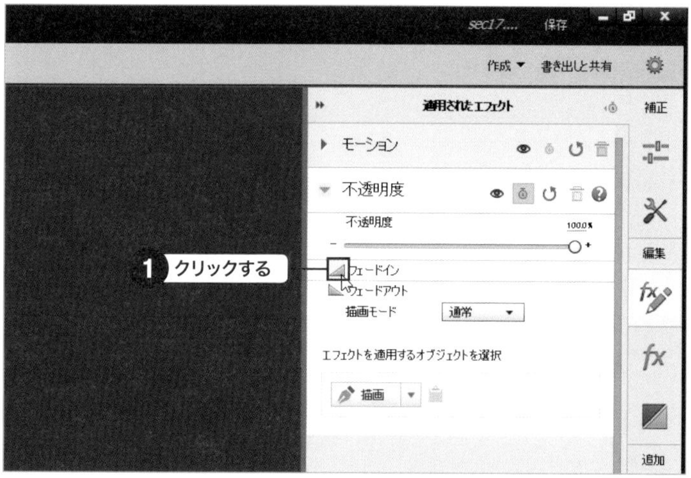

Hint フェードアウトを設定するには?

フェードインと同様に、＜フェードアウト＞をクリックすれば、フェードアウトが適用されます。

2 フェードイン／フェードアウトの長さを指定する

1 キーフレームを表示する

不透明度を設定したクリップを右クリックし（❶）、＜クリップキーフレームを表示＞→＜不透明度＞→＜不透明度＞の順にクリックします（❷）。

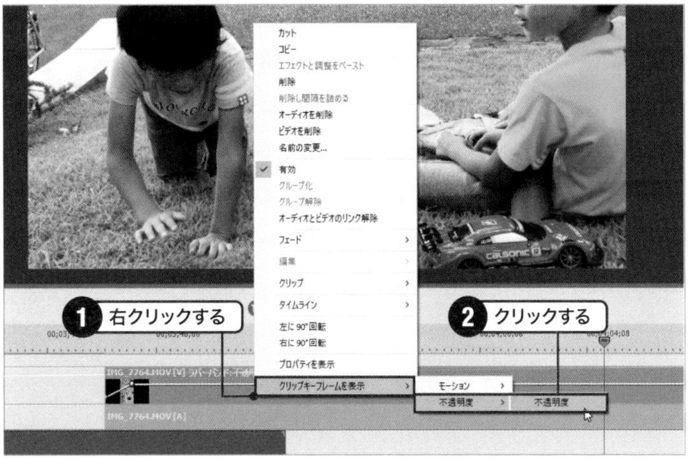

Memo

＜クリップキーフレームを表示＞がない場合

＜クリップキーフレームを表示＞が表示されない場合は、トラック名の先頭にある三角マークをクリックして、クリップに黄色い線を表示させます。そのあとで操作を行いましょう。

2 キーフレームを移動する

前から2つ目のキーフレームを Shift を押しながら左右にドラッグし（❶）、フェードインの長さを調整します。同様に、後ろから2つ目のキーフレームをドラッグすると、フェードアウトの長さが調整できます。

Hint

キーフレームを細かく調整するには？

キーフレームを細かく調整するにはキーフレームコントロールを使用します。詳しくは、＜ガイド＞の＜ビデオ調整＞→＜グラフィックのアニメート＞をクリックし、ガイド付き編集を試してみましょう。
また、P.94でも解説しています。

Section 28

クリップに切り替え効果を追加する -トランジション

覚えておきたいキーワード

- トランジション
- デュレーション
- ディゾルブ

複数のクリップをタイムラインに並べて再生すると、通常は一瞬で画面が切り替わります。トランジションを使うと、さまざまな切り替え効果を適用することができます。

1 トランジションを追加する

1 トランジションの一覧を表示する

ツールバーから<トランジション>をクリックし（❶）、トランジションの一覧を表示します。カテゴリ名をクリックします（❷）。

2 カテゴリを選択する

目的のカテゴリを選択します（❶）。ここでは例としてディゾルブを選択します。

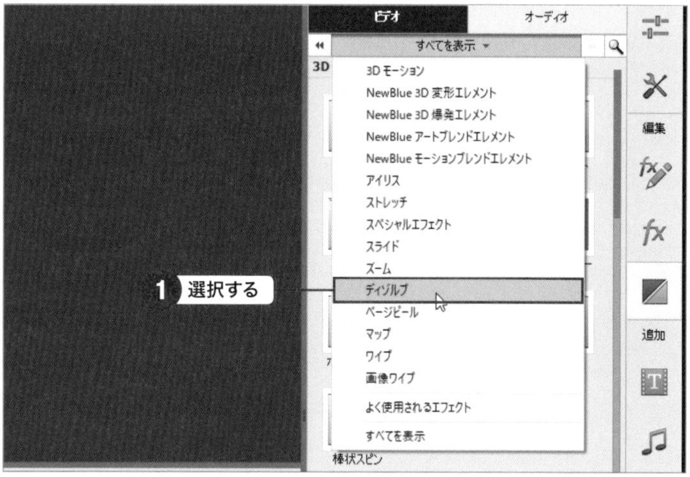

3 トランジションを適用する

トランジションから目的のトランジションをタイムライン上のクリップ間にドラッグします（❶）。

Memo トランジション使用時の注意点

トランジションを使用するには、つなぐ2つのクリップが同一トラック上に配置されている必要があります。また、多用すると表現がくどくなるため、場面の切り替えを印象付けたい場合などに絞って使用するとよいでしょう。

4 デュレーションや配置を調整する

<トランジションの調整>画面が表示されます。トランジションのデュレーション（持続時間）を入力し（❶）、<適用>をクリックします（❷）。

Hint あとから設定を変更するには?

トランジションの設定を変更するには、タイムライン上のトランジションをダブルクリックして<トランジションの調整>画面を表示します。

Stepup ムービーの導入や最後に使って演出

効果は使用するトランジションによって異なりますが、トランジションの使い道は、クリップ間に切り替え効果を持たせるだけではありません。ムービーの最初や最後にトランジションを設定すると、ムービーの導入部を暗転から開始したり、ムービーの最後にホワイトアウトを数秒かけて余韻を持たせることができます。

Section 29

トランジションを削除する／置き換える

覚えておきたいキーワード
- 削除
- トランジション
- トランジションの置き換え

ここでは、トランジションを設置後、不要になったトランジションを削除したり、別のトランジションに置き換えたりする操作方法について解説します。

1 トランジションを削除する

1 トランジションを削除する

タイムラインに配置されたトランジションを右クリックし（❶）、＜削除＞をクリックします（❷）。

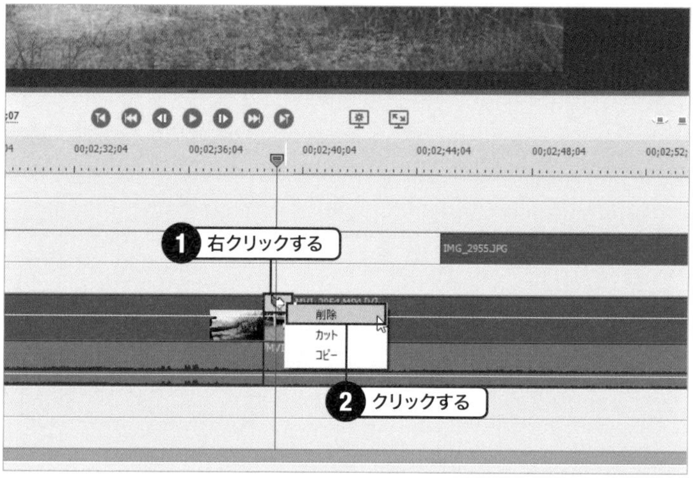

2 トランジションが削除された

トランジションが削除されました（❶）。

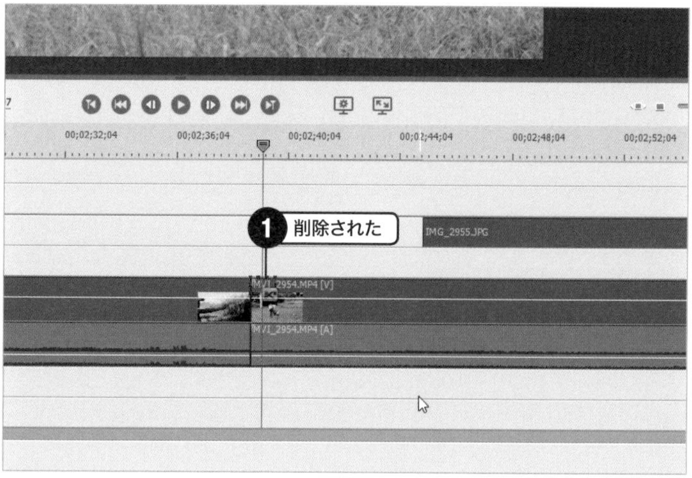

Hint

そのほかの削除方法

タイムライン上のトランジションをクリックし、Delete（fn ＋ delete）を押しても削除できます。

2 トランジションを置き換える

1 トランジションの一覧を表示する

ツールバーから＜トランジション＞をクリックし（❶）、トランジションの一覧を表示します。

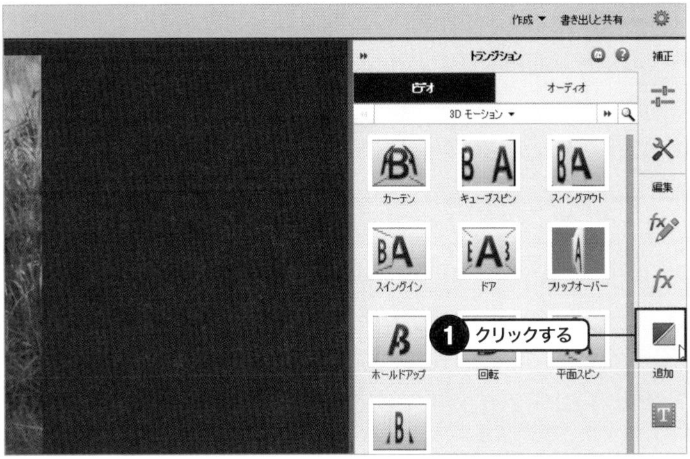

2 既存のトランジションの上にドラッグする

新しいトランジションを既存のトランジションの上にドラッグします（❶）。

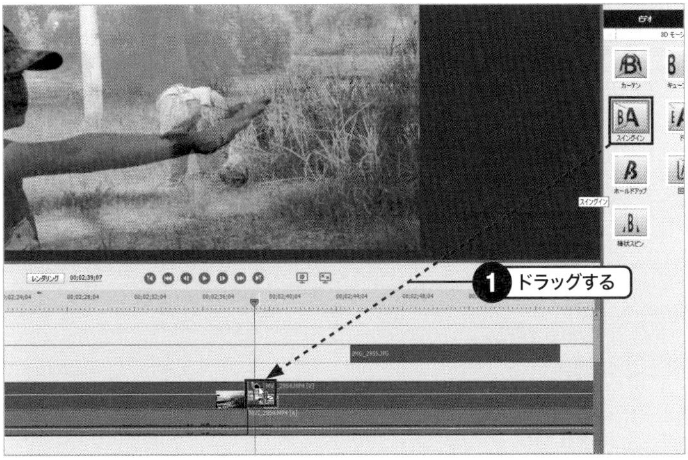

3 トランジションが置き換わった

トランジションが置き換わり、＜トランジションの調整＞パネルが開きます。適宜設定し（❶）、＜適用＞をクリックします（❷）。

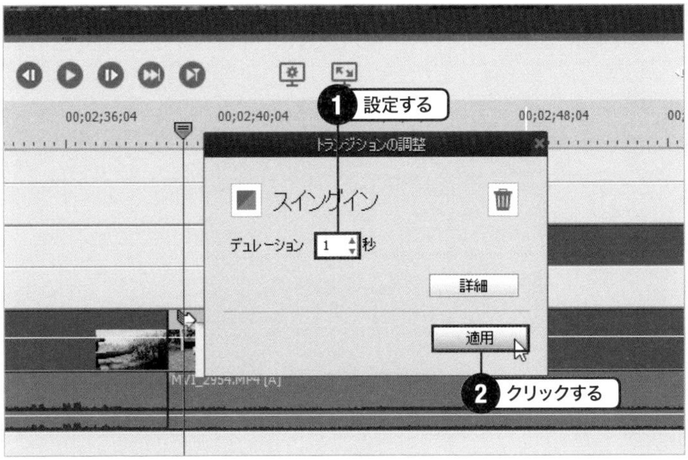

Memo

設定は引き継がれる

トランジションを新しく上書きした場合、古いトランジションのデュレーションと配置位置がそのまま引き継がれます。必要であれば設定を修正してください。

Section 30

トランジションの効果を調整する

覚えておきたいキーワード
- トランジションの調整
- 詳細
- 境界の幅

各種トランジションは、動きや表現をさらに細かく調整できます。トランジションによって設定できる内容が異なりますが、ここでは<スライド>トランジションを例にして解説します。

1 トランジションの詳細を設定する

1 トランジションをダブルクリックする

タイムライン上に適用されたトランジションをダブルクリックし（❶）、<トランジションの調整>画面を開きます。<詳細>をクリックします（❷）。

2 トランジションの効果を調整する

<再生>をクリックすると（❶）、トランジションの適用イメージが表示されます。これを参考に調整していきます。

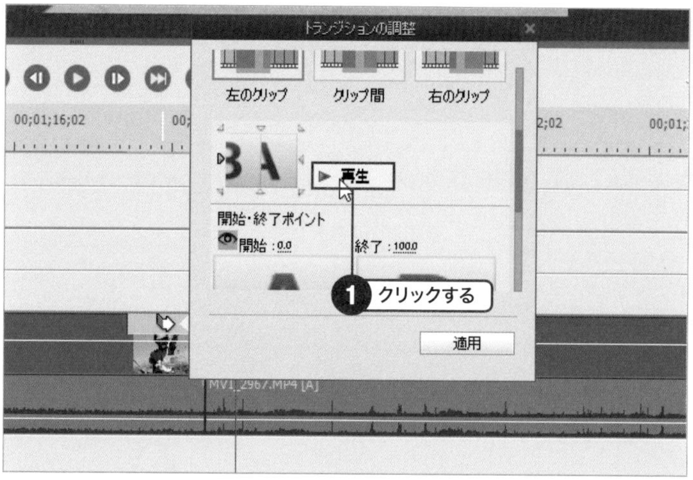

Memo

<再生>が見当たらない場合

<再生>が見当たらない場合は、<トランジションの調整>画面内を下にスクロールすると表示されます。

3 動きの方向を変更する

サムネイル画像の周囲の▲をクリックし(❶)、トランジションの動きの方向を変更することができます。ここでは、右上の▲をクリックします。

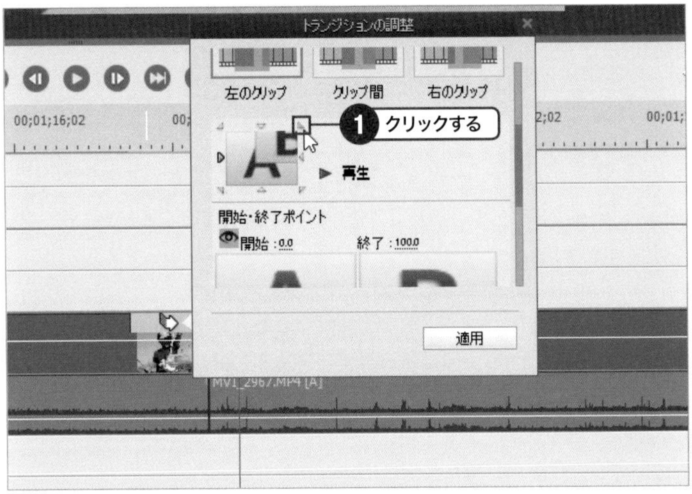

Memo

設定項目はトランジションによって異なる

使用するトランジションによって設定項目は異なります。ここでは、＜スライド＞トランジションを例に説明しています。

4 境界線の幅や色を変更する

＜境界の幅＞の数字を左右にドラッグして設定します（❶)。＜境界のカラー＞の四角をクリックし、境界線の色を設定します（❷)。ここでは、境界の幅を＜5.0＞、境界のカラーを白にそれぞれ設定します。

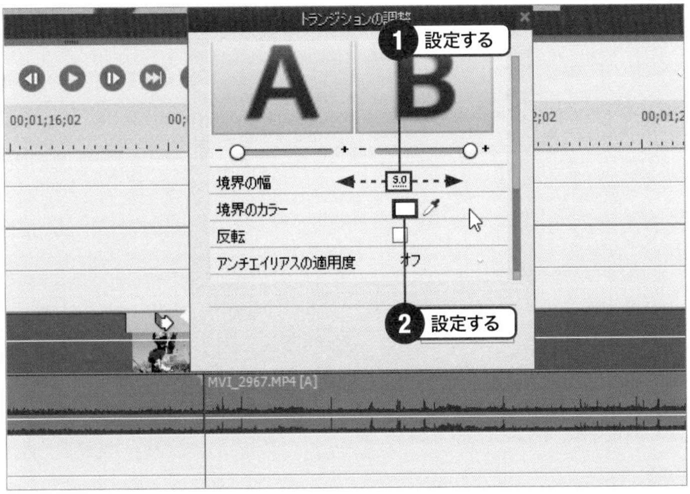

5 再生して確認する

＜適用＞をクリックし（❶)、トランジションの直前から再生して動作を確認します。

Section 31

編集操作を取り消す／やり直す

覚えておきたいキーワード
- 取り消し
- やり直し
- ヒストリー

作業中、操作を間違えた場合は、直前の動作を取り消すことができます。また、作業履歴を表示して任意の作業手順までさかのぼることもできます。よく使う操作なので、ショートカットキーを覚えておきましょう。

1 直前の操作を取り消す／やり直す

1 直前の操作を取り消す

アクションバーの＜取り消し＞をクリックすると（❶）、直前の操作を取り消し、操作前の状態に戻ります。

2 取り消した操作をやり直す

アクションバーの＜やり直し＞をクリックすると（❶）、取り消し操作前の状態に戻ります。

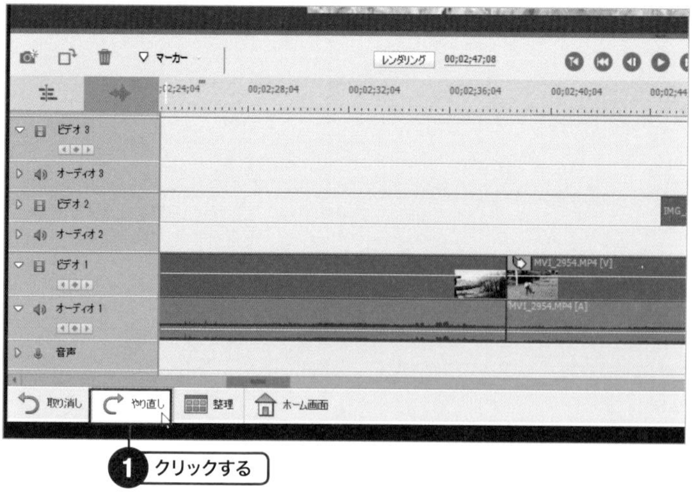

Hint

ショートカットキーが便利

取り消しのショートカットキーは Ctrl （command）＋ Z です。よく使う操作なので、覚えておくと効率よく作業できます。また、やり直しは Ctrl （command）＋ Shift ＋ Z です。

2 ＜ヒストリー＞画面で操作を取り消す

1 ＜ヒストリー＞画面を表示する

＜ウィンドウ＞をクリックし（❶）、＜ヒストリー＞をクリックします（❷）。

2 履歴を指定する

＜ヒストリー＞画面が表示され、パネル内に操作履歴の古いものから順に表示されます。戻りたい操作が記された履歴をクリックします（❶）。

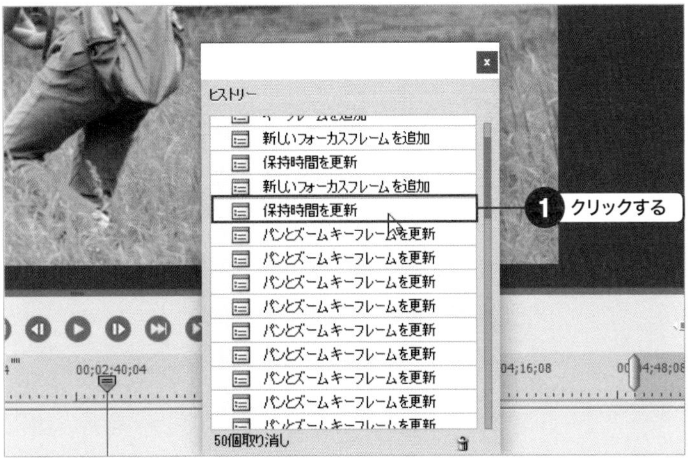

Memo どこまで戻れるの？

操作履歴は、最大50手順まで記録されます。それ以降は、古い履歴から順に消されていきます。

3 履歴時点の状態に戻った

履歴をさかのぼり、履歴時点の状態に戻りました。×をクリックし（❶）、パネルを閉じます。

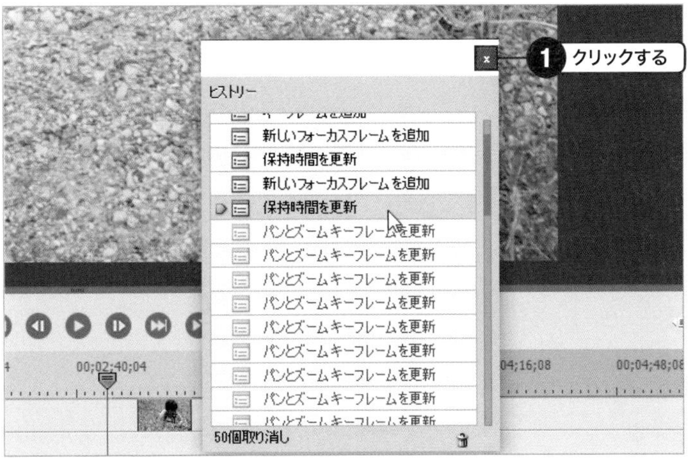

Memo ヒストリーの注意点

ヒストリーを利用して作業内容を戻すと、最新の操作内容までの履歴がグレー表示になります。履歴をさかのぼったあとで別の操作を行うと、それらは消去されてしまうので注意しましょう。

Stepup

手動でシーンを抽出するには?

Premiere Elementsのエキスパートモードでは、各クリップごとの編集はやりやすいのですが、1つのクリップ内で必要部分を検討しながら抽出する作業はスマートトリミングの方が向いています。ここでは、スマートトリミングを使って手動でシーンを抽出する方法を解説します。

1 スマートトリミングを実行する

P.62手順1の方法でスマートトリミングを実行します。<リセット>をクリックし（❶）、すべての抽出範囲を削除します。確認画面が表示されたら、<はい>をクリックします。

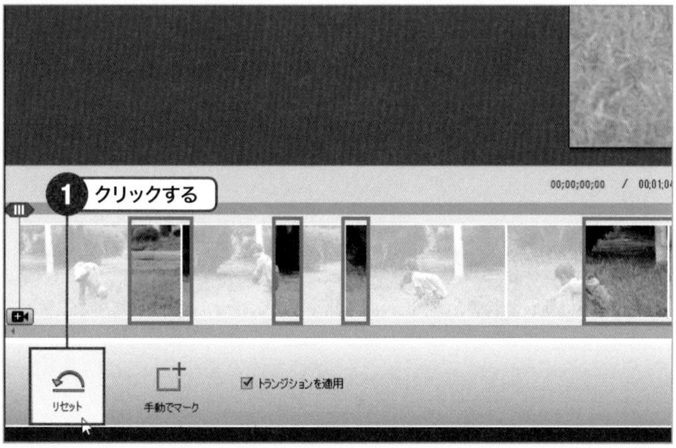

2 開始位置を指定する

時間インジケーターを使用したい部分の開始位置までドラッグし（❶）、抽出したいシーンに移動します。<手動でマーク>をクリックします（❷）。

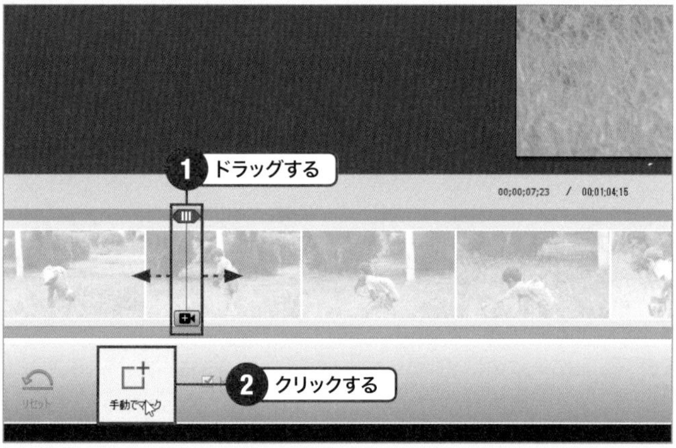

3 抽出する範囲を調整する

タイムラインの青い枠の左右にある端部をドラッグし（❶）、抽出範囲を調整したら、P.63手順3の方法でタイムラインに書き出します。なお、別の部分を同時に指定する場合は、再度時間インジケーターをドラッグし、手順2〜3を繰り返します。

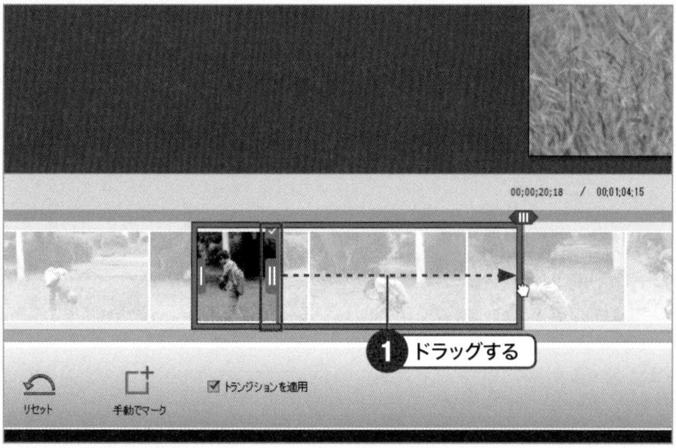

第4章

クリップの基本補正とエフェクト

Section 32 クリップの明るさやコントラストを補正する
Section 33 クリップのカラーバランスを補正する
Section 34 クリップの手ぶれを補正する
Section 35 クリップにエフェクトを適用する
Section 36 エフェクトの効果を調整／保存する
Section 37 エフェクトにアニメーション効果をかける
Section 38 エフェクトのアニメーション効果を調整する
Section 39 エフェクトを一部分だけに適用にする
Section 40 エフェクトの適用順序を変更する
Section 41 エフェクトを自由な範囲に適用する　-調整レイヤー
Section 42 エフェクトを無効化／削除する

Section 32

クリップの明るさやコントラストを補正する

覚えておきたいキーワード
- 明るさ
- スライド
- 露光量

クリップが暗くて見えづらい場合には、＜調整＞パネルの＜照明＞機能を使います。通常はサムネイルを使用した簡易的な調整方法ですが、スライダーを使用した詳細設定も可能です。

1 明るさやコントラストを補正する

1 ＜調整＞パネルを開く

対象となるクリップをクリックして選択しておきます。ツールバーの＜調整＞をクリックし（❶）、＜照明＞をクリックします（❷）。

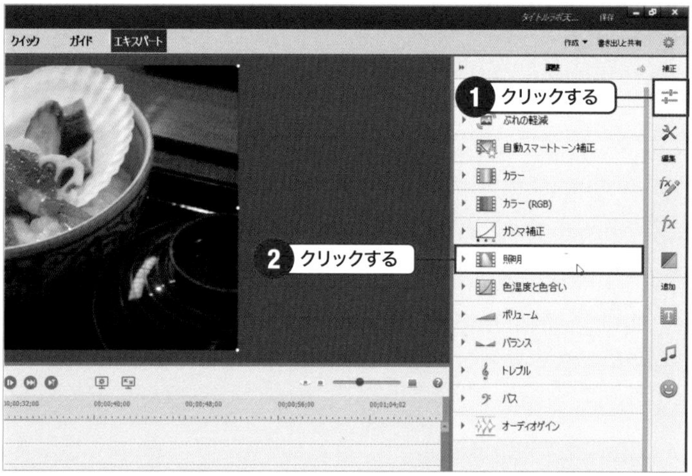

2 明るさを補正する

プレビューウィンドウを確認しながら、ちょうどいい明るさのアイコンをクリックします（❶）。

Memo

設定をリセットするには？

左下の＜リセット＞をクリックすると、設定した内容がリセットされます。

3 コントラストを補正する

<コントラスト>タブをクリックします（❶）。同様に、ちょうどいいコントラストのアイコンをクリックします（❷）。

4 その他の項目を補正する

<▶>をクリックしていくと（❶）、<露光量>、<ブラック>、<ホワイト>のタブが表示されます。手順 2 と同様にアイコンをクリックして（❷）、それぞれ補正することができます。

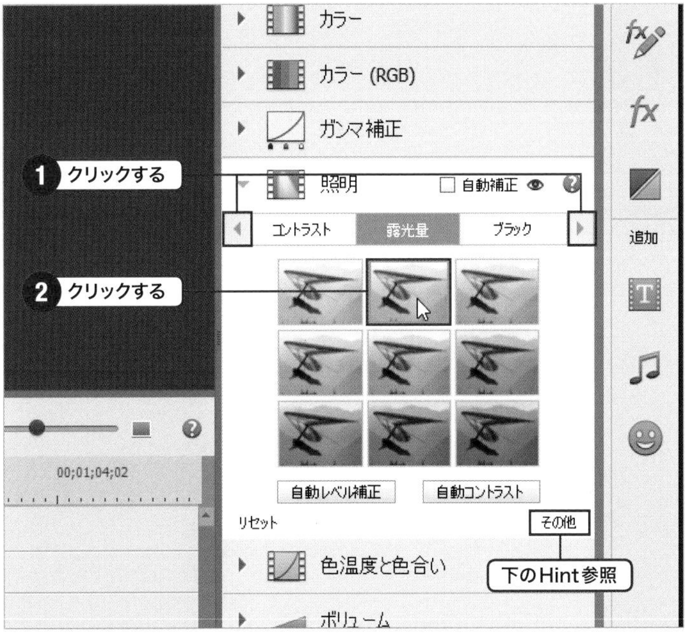

Memo 項目ごとの違い

明るさ・・・・・・・明度を調整します。
コントラスト・・明暗差を調整します。
露光量・・・・・・・「明るさ」より自然な感じで光の量を調整します。
ブラック・・・・・画面上の暗い部分を強調する効果を与えます。
ホワイト・・・・・画面上の明るい部分を強調する効果を与えます。

Hint 詳細に設定するには？

より詳細な調整を行いたい場合は、<その他>をクリックします（❶）。スライダーが表示されるので、目的の明るさやコントラストになるように補正します。

Section 33

クリップのカラーバランスを補正する

覚えておきたいキーワード

- カラー
- カラー（RGB）
- 彩度

動画や写真は、撮影時の光の具合によって色味が大きく変化します。ここでは、クリップの色調を整える＜カラー（RGB）＞の使い方と、彩度を調整できる＜カラー＞の使い方について説明します。

1 カラーバランスを補正する

1 ＜調整＞パネルを開く

対象となるクリップをクリックして選択しておきます。＜調整＞をクリックし（❶）、＜カラー（RGB）＞をクリックします（❷）。

2 色調を補正する1

＜レッド＞タブをクリックし（❶）、プレビューウィンドウを確認しながら、サムネイルをクリックして色味を整えます（❷）。

Memo 設定をリセットするには？

左下の＜リセット＞をクリックすると、設定した内容がリセットされます。

3 色調を補正する2

＜グリーン＞タブ、＜ブルー＞タブをクリックして切り替え（❶）、サムネイルをクリックして色味を調整します（❷）。

Hint

詳細に設定するには？

より詳細な調整を行いたい場合は、＜その他＞をクリックします。スライダーが表示されるので、目的のカラーバランスになるように補正します。

2 彩度を補正する

1 カラーパネルを開く

＜調整＞パネルの＜カラー＞をクリックし（❶）、＜彩度＞タブをクリックして切り替えます（❷）。

2 彩度を補正する

プレビューウィンドウを確認しながら、サムネイルをクリックして彩度を調整します（❶）。

Hint

彩度は演出にも使える

彩度を下げていくと鮮やかさがなくなり、セピアやモノクロになります。演出としても使える機能なので、ぜひ活用してみてください。

Section 34

クリップの手ぶれを補正する

覚えておきたいキーワード

- ぶれの軽減
- モーション
- ローリングシャッターリップル

手ぶれ補正機能がないスマートフォンで撮影した動画や、激しいカメラワークの動画には手ぶれが発生します。Premiere Elementsではそういったブレをソフトウェア的に取り除く機能が用意されています。

1 手ぶれ補正を設定する

1 ＜調整＞パネルを開く

対象となるクリップをクリックして選択しておきます。＜調整＞をクリックし（❶）、＜ぶれの軽減＞をクリックします（❷）。

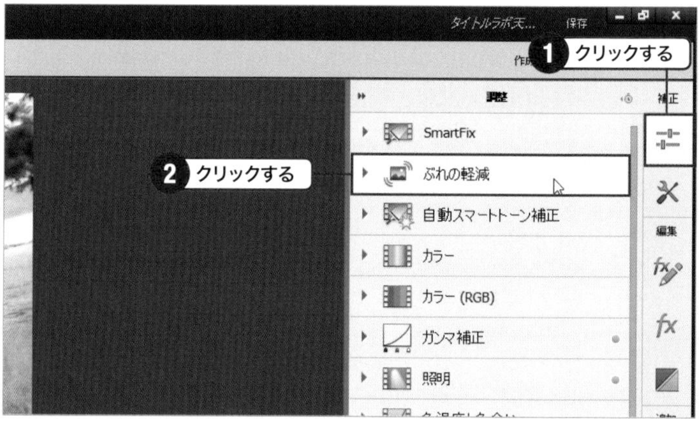

2 クイックモードで設定する

＜クイック＞をクリックし（❶）、ぶれの軽減を行います。プレビューウィンドウに「ぶれの軽減を処理中」というメッセージが表示されます。

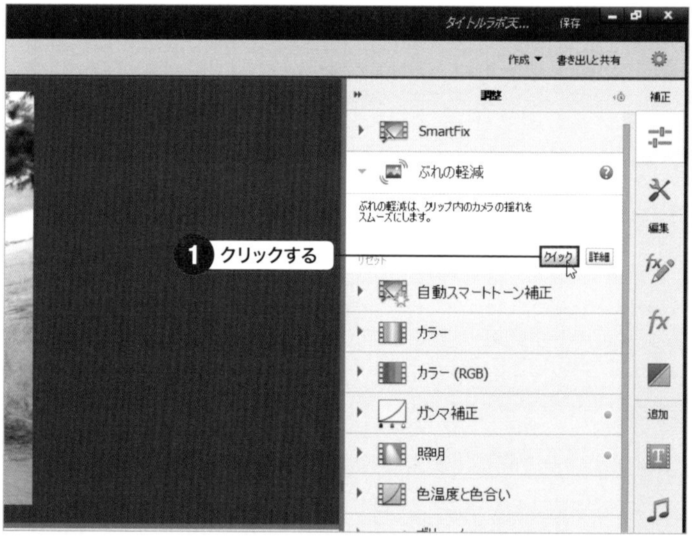

Memo

＜詳細＞とは?

＜詳細＞をクリックすると、＜クイック＞よりも細かい分析が行われますが、より時間がかかります。Adobe社ではまず最初に、処理が早く完了するクイックモードを試してみることを推奨しています。クイックモードで思った結果が得られない場合は、詳細モードを試してみましょう。

2 ぶれの軽減を詳細に設定する

1 詳細設定を開く

前ページ手順 2 の操作を行ったあと、表示される「詳細」の左にある三角マークをクリックするとメニューが展開されて、手ぶれ補正の効果を調整できます。それぞれの詳細設定項目は以下の通りです。

項目	機能
Ⓐモーション	映像のカメラの動きを滑らかにするか、動きをなしにするかの設定をします。
Ⓑ滑らかさ	「モーション」の＜滑らかなモーション＞の関連項目です。どの程度の滑らかさにするかを指定します。
Ⓒビデオフレーム	ぶれを軽減したフレームをどのように表示するかを設定します。
Ⓓぶれの軽減をブースト	ぶれの軽減のためのより最適な分析を行います。分析には時間がかかります。
Ⓔローリングシャッターリップル	動きが激しい映像のゆがみを補正します。
Ⓕクロップと滑らかさ	画面の切り抜き範囲と滑らかさのバランスを調整します。
Ⓖ合成エッジぼかし	「ビデオフレーム」で＜スタビライズ、エッジを合成＞を選んでいるときに、合成箇所のぼかし量を設定します。

Memo

効果を削除するには?

効果を削除するには、＜適用されたエフェクト＞をクリックしてパネルを開き、＜ぶれの軽減＞内の＜エフェクトを削除＞をクリックします(❶)。

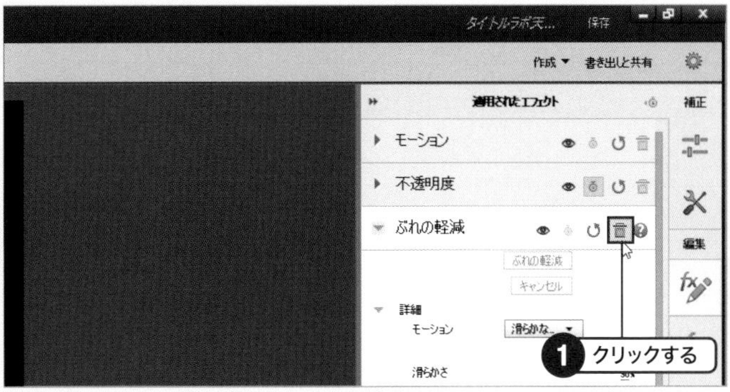

Section 35

クリップにエフェクトを適用する

覚えておきたいキーワード
- エフェクト
- カテゴリ
- イメージコントロール

Premiere Elementsでは、古い映画やアニメ風の表現など、動画や写真に対してさまざまなエフェクトを適用することができます。ここでは、エフェクトの基本的な使用方法について解説します。

1 エフェクトを追加する

1 エフェクトの一覧を表示する

ツールバーから＜エフェクト＞をクリックし（❶）、エフェクトの一覧を表示します。エフェクトのカテゴリをクリックします（❷）。

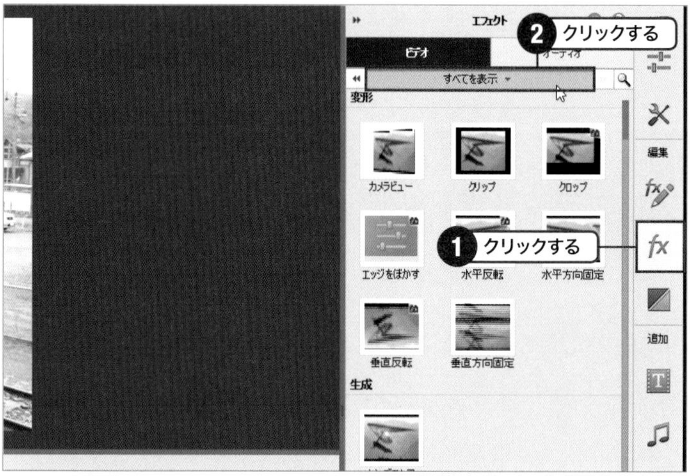

2 カテゴリを指定する

目的のエフェクトがまとめられたカテゴリを選択します（❶）。

Hint
↑／↓で すばやく切り替え可能

エフェクトのカテゴリを選ぶ際、一度カテゴリを指定したあと、↑／↓を押すことでカテゴリを順に切り替えることができます。

3 エフェクトを適用する

目的のエフェクトをタイムライン上のクリップにドラッグします（❶）。ここでは、例として＜イメージコントロール＞の＜モノクロ＞を適用します。

4 エフェクトを確認する

プレビューウィンドウで再生すると、クリップにエフェクトが適用されていることが確認できます（❶）。

Memo

プレビューウィンドウで効果が確認できないときは？

処理能力が十分でないパソコンを使用していると、プレビューウィンドウの表示がコマ落ちして、うまく確認できない場合があります。そのような場合は、タイムライン上部にある＜レンダリング＞をクリックし（❶）、レンダリングしてから確認しましょう。

Section 36

エフェクトの効果を調整／保存する

覚えておきたいキーワード
- プリセットの保存
- ユーザープリセット
- スケール

エフェクトは、設定次第で表現が大きく変化する場合があります。また、各パラメーターなどの設定値をユーザープリセットとして保存しておけば、他のプロジェクトやクリップでもそれらの設定を簡単に適用することができます。

1 適用されたエフェクトを調整する

1 適用されたエフェクトを開く

エフェクトが設定されたクリップをクリックして選択しておきます。＜適用されたエフェクト＞をクリックします(❶)。

2 エフェクトを調整する

設定内容を変更したいエフェクトをクリックし(❶)、エフェクトの設定を調整します(❷)。ここでは、例として＜NewBlueフィルムルック＞カテゴリの＜オールドフィルム＞を調整しています。

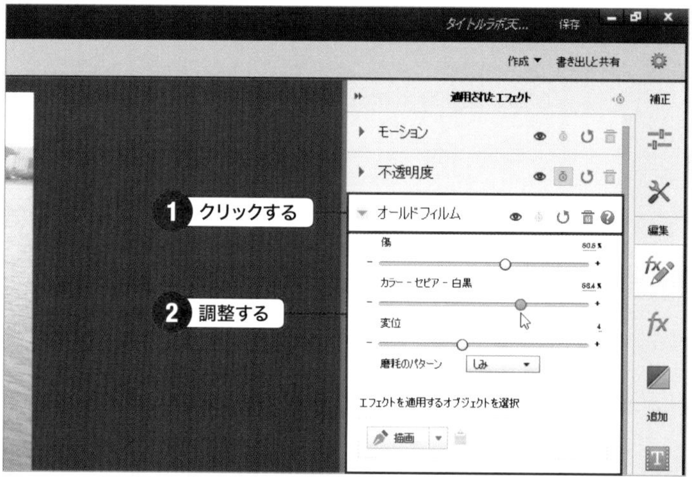

Memo

表示される設定は異なる

表示される設定内容は、エフェクトによって異なります。

2 エフェクトの設定を保存する

1 プリセットを保存する

設定情報を保存したいエフェクトを右クリックし（❶）、<プリセットの保存>をクリックします（❷）。

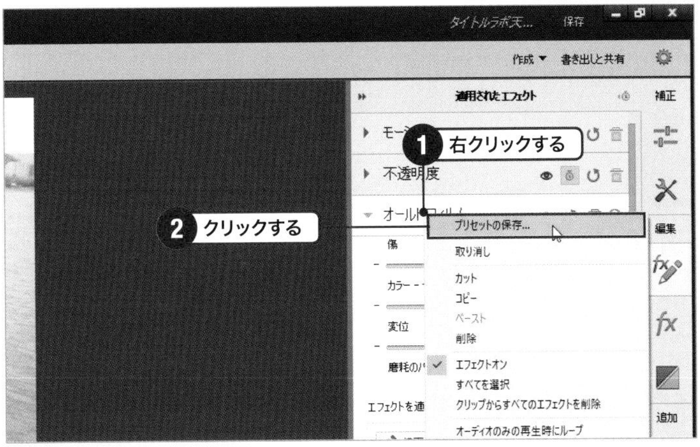

2 プリセットの名前などを設定する

<プリセットの保存>画面でプリセットの名前、種類、説明などを設定し（❶）、<OK>をクリックします（❷）。

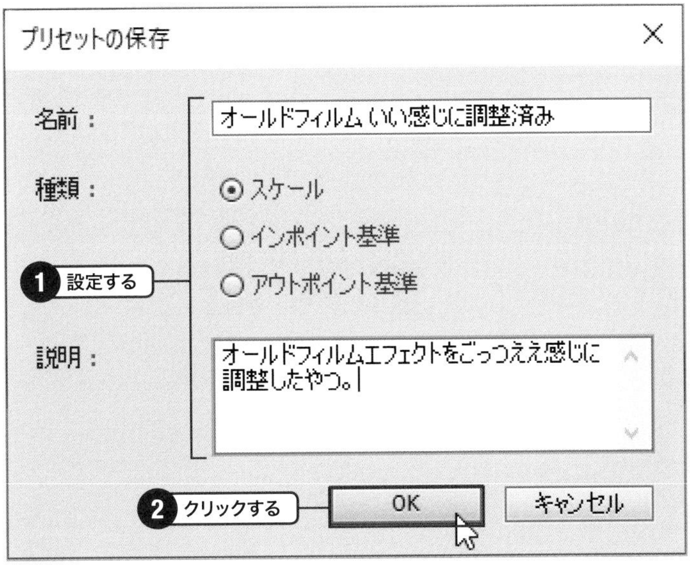

Hint <種類>とは?

スケール …………登録したプリセットをクリップの長さに合わせて適用します。

インポイント基準*…登録したプリセットをクリップの先頭に合わせて適用します。

アウトポイント基準*‥登録したプリセットをクリップの末尾に合わせて適用します。

*エフェクトにキーフレームを設定している場合に有効です（P.92参照）。

3 プリセットが保存された

<エフェクト>をクリックし（❶）、カテゴリから<ユーザープリセット>を選択すると（❷）、保存したプリセットが確認できます。

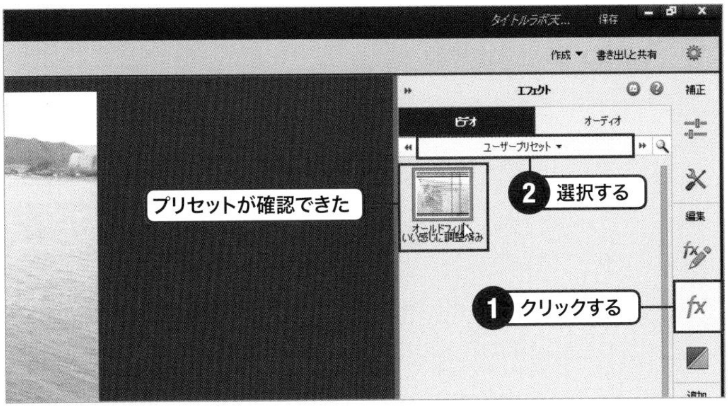

Section 37

エフェクトにアニメーション効果をかける

覚えておきたいキーワード

- キーフレーム
- アニメーションのオン／オフ
- アニメーション効果

エフェクトの設定値を時間経過に応じて変化させることで、エフェクトにアニメーション効果を付けることができます。効果を徐々に強めるなどの表現が可能ですが、一部エフェクトは対応していないものもあります。

1 キーフレームアニメーションを適用する

1 適用されたエフェクトを開く

エフェクトが設定されたクリップをクリックして選択しておきます。＜適用されたエフェクト＞をクリックし（❶）、対象となるエフェクトをクリックします（❷）。

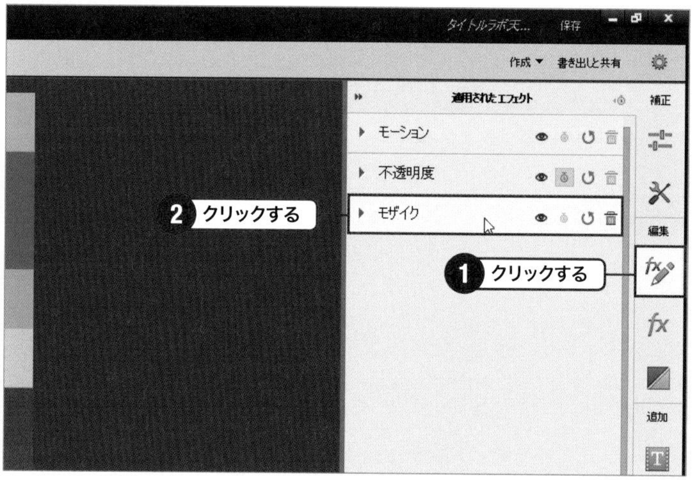

2 キーフレームを追加する

時間インジケーターをドラッグし（❶）、アニメーションを開始したいタイミングに移動します。 エフェクトの調整を行い、＜アニメーションのオン／オフ＞をクリックし（❷）、キーフレームを追加します。

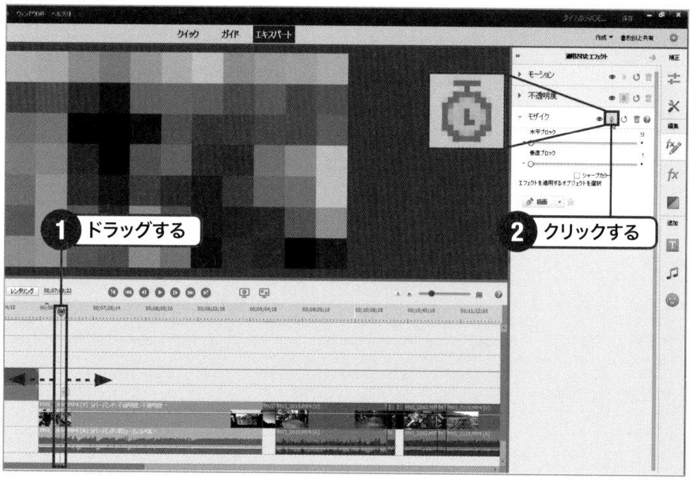

3 アニメーションの終了位置を指定する

時間インジケーターをドラッグし（❶）、アニメーションを終了するタイミングに移動します。

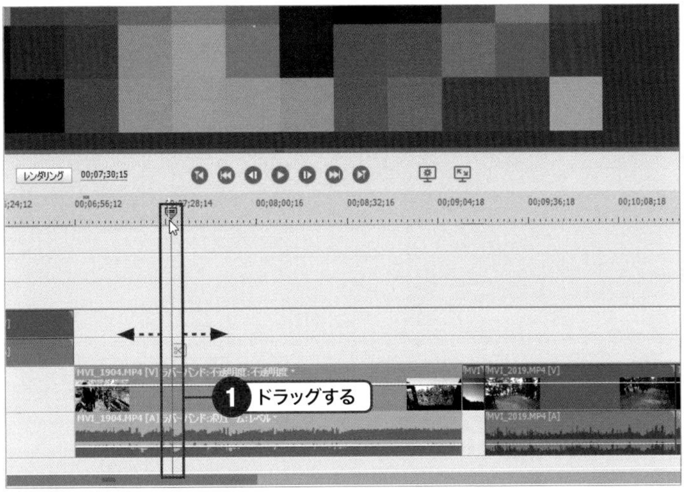

4 エフェクトを編集する

エフェクトの設定を変更し（❶）、アニメーション終了時の状態を設定します。設定内容が変わると、自動的にキーフレームが作成されます。

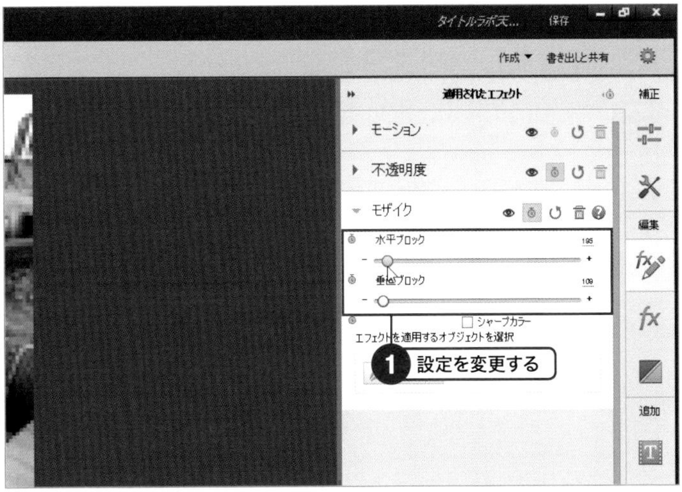

5 アニメーションを確認する

<再生>をクリックし（❶）、プレビューウィンドウでエフェクトにアニメーション効果が付いていることを確認します（❷）。

Section 38

エフェクトのアニメーション効果を調整する

覚えておきたいキーワード

- 前のキーフレームに移動
- 次のキーフレームに移動
- ズームイン／アウトスライダ

エフェクトにアニメーション効果を付けたあと、設定値を調整したい場合は、対象となるエフェクトの設定値を上書きします。キーフレームの位置がずれていると、思ったようなアニメーションにならないので注意しましょう。

1 キーフレームコントロールを表示する

1 エフェクトを表示する

エフェクトアニメーションが付いたクリップを選択しておきます。＜適用されたエフェクト＞をクリックし（❶）、アニメーション効果が付いたエフェクトをクリックします（❷）。

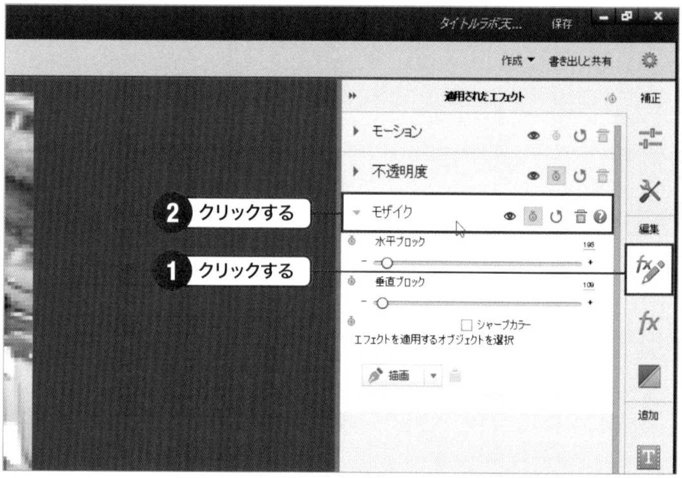

2 キーフレームコントロールを表示する

＜キーフレームコントロールを表示／非表示＞をクリックし（❶）、キーフレームコントロールを表示します（❷）。

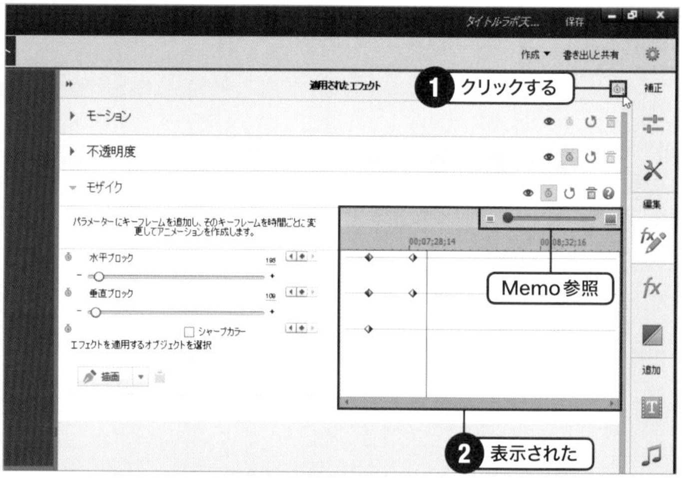

Memo

時間軸を拡大／縮小するには?

＜ズームイン／ズームアウト＞スライダーをドラッグすると、キーフレームコントロールの時間軸を拡大／縮小することができます。

2 アニメーション効果を調整する

1 キーフレームを選択する

キーフレームコントロールで、設定を変更したい項目の<前のキーフレームに移動>、または<次のキーフレームに移動>をクリックし（❶）、キーフレームを選択します。

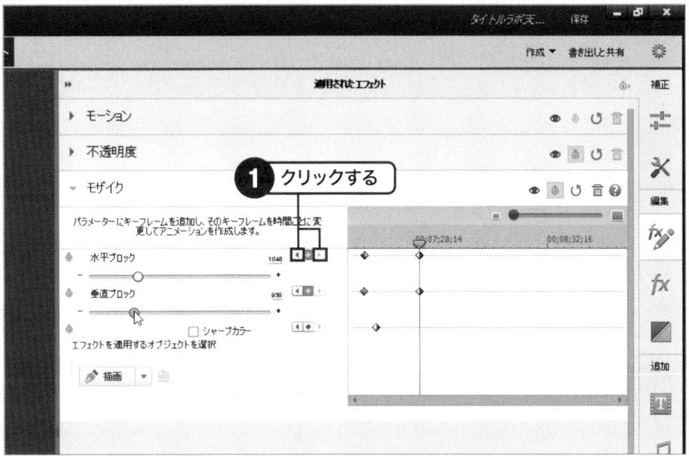

2 設定値を調整する

エフェクトに設定された値やキーフレームの位置を調整します（❶）。

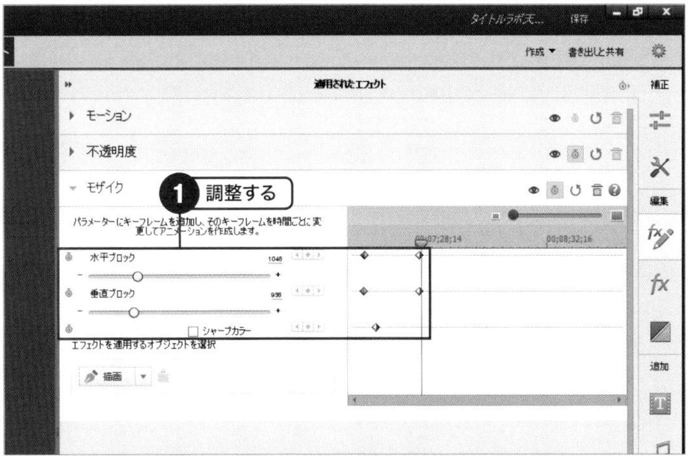

Hint

キーフレームを追加するには?

キーフレームを追加したい位置に時間インジケーターを移動し、エフェクトの設定値を変更すると、自動的にキーフレームが追加されます。

3 アニメーションを確認する

<再生>をクリックし（❶）、プレビューウィンドウでエフェクトのアニメーション効果を確認します。

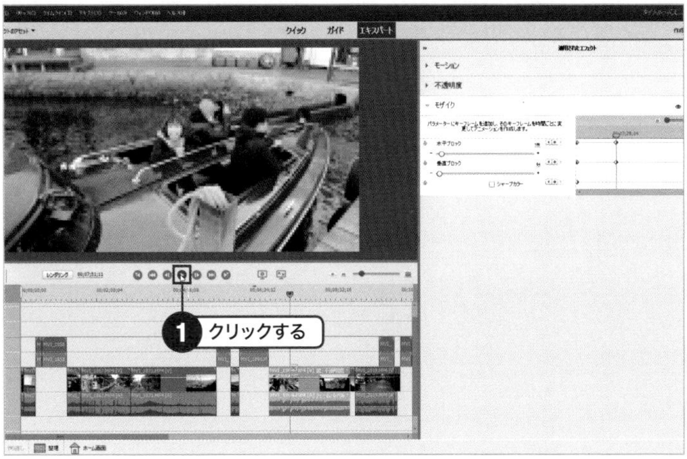

Section 39

エフェクトを一部分だけに適用する

覚えておきたいキーワード
- エフェクトマスキング
- 編集
- 削除

クリップの一部分にだけエフェクトを適用させたい場合、エフェクトマスキングを使用します。画面の半分だけ色を変えたり、見せたくない部分にモザイクをかけるような場面での応用が考えられます。

1 エフェクトマスキングを適用する

1 エフェクトマスキングを適用する

対象となるクリップを右クリックし(❶)、<クリップ>→<エフェクトマスキング>→<適用>の順にクリックします（❷)。

Memo エフェクト適用済みのクリップにも実行できる?

エフェクト適用済みのクリップにエフェクトマスキングを実行すると、適用済みのエフェクトがエフェクトマスキングの枠内にのみ適用されます。

2 エフェクトマスキングのサイズを変更する

上位のトラックにエフェクトレイヤーのトラックが追加され、プレビューウィンドウ内の中央にエフェクトマスキングの枠が追加されました。コーナー部分をドラッグし（❶)、エフェクトマスキングの大きさを変更します。

第4章 クリップの基本補正とエフェクト

3 エフェクトを適用する

<エフェクト>をクリックし（❶)、適用したいエフェクトをクリップにドラッグします（❷)。ここでは例として、<モザイク>をドラッグします。

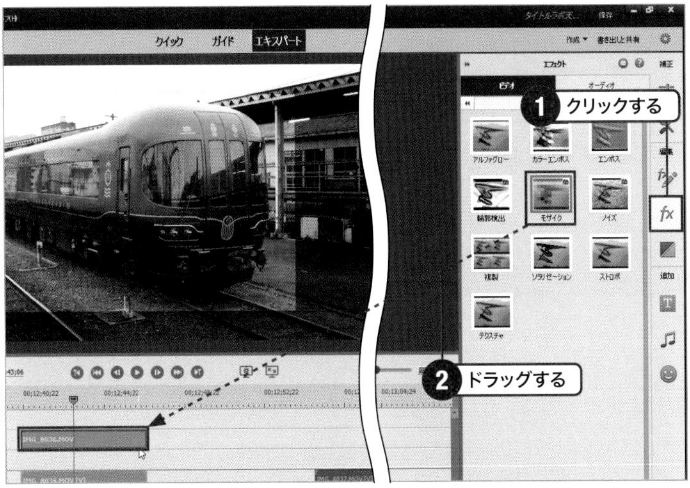

4 エフェクトを調整する

エフェクトマスキングの範囲のみ、エフェクトが適用されているのが確認できます（❶)。<適用されたエフェクト>パネルでエフェクトの設定を行います（❷)。プレビューウィンドウで確認します。

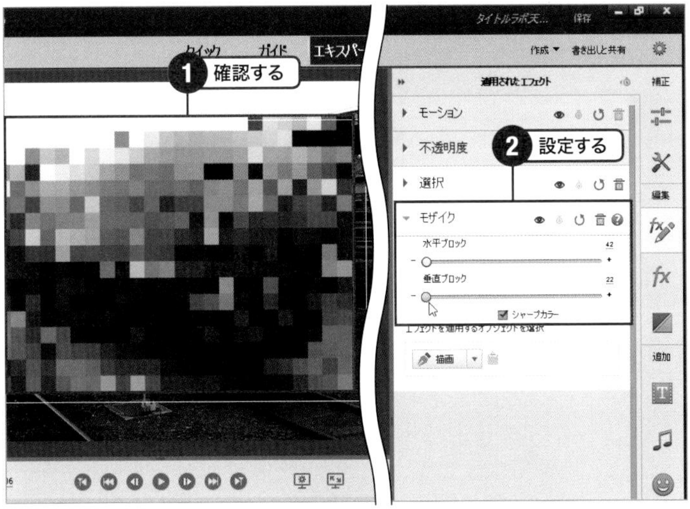

Memo エフェクトマスキングを編集／削除するには?

タイムライン上でエフェクトマスキングが適用されたクリップを右クリックし（❶)、<クリップ>→<エフェクトマスキング>→<編集>の順にクリックすると再度編集できます(❷)。また、<クリップ>→<エフェクトマスキング>→<削除>の順にクリックすると、削除できます。

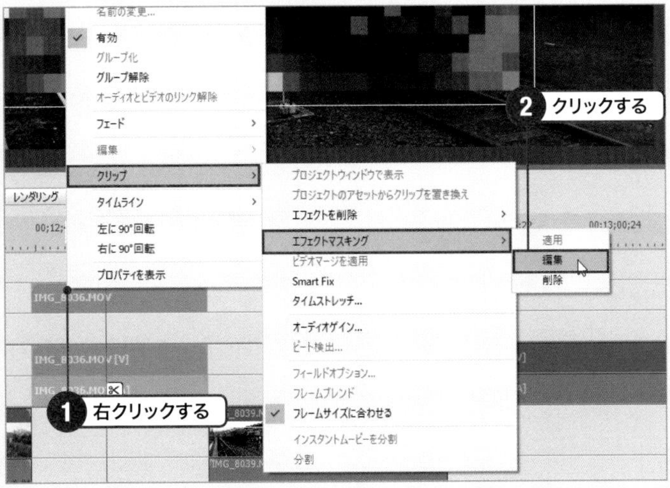

Section 40

エフェクトの適用順序を変更する

覚えておきたいキーワード

- モーション
- 不透明度
- モザイクエフェクト

エフェクトは1つのクリップに対していくつでも適用できますが、適用する順番によっては、得られる結果が異なる場合があります。エフェクトの順番を入れ替えて狙い通りの表現ができるよう、特性を理解しましょう。

1 エフェクトの順番を変更する

1 エフェクトを確認する

プレビューウィンドウで＜再生＞をクリックし（❶）、現在のエフェクトがどのようになっているか、確認します。

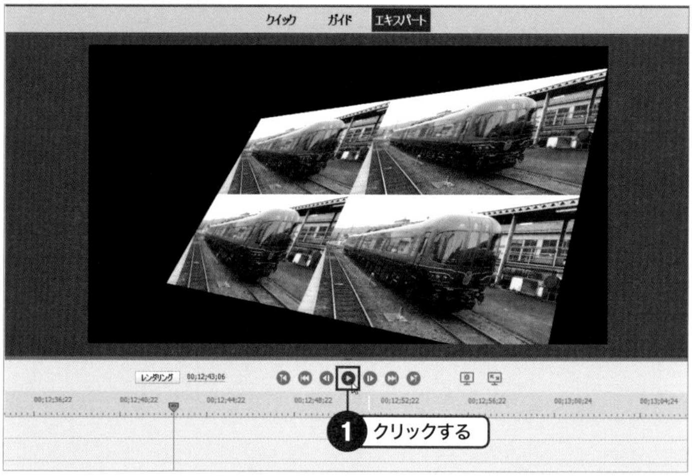

2 適用されたエフェクトを開く

＜適用されたエフェクト＞をクリックし（❶）、適用されたエフェクトを表示します。

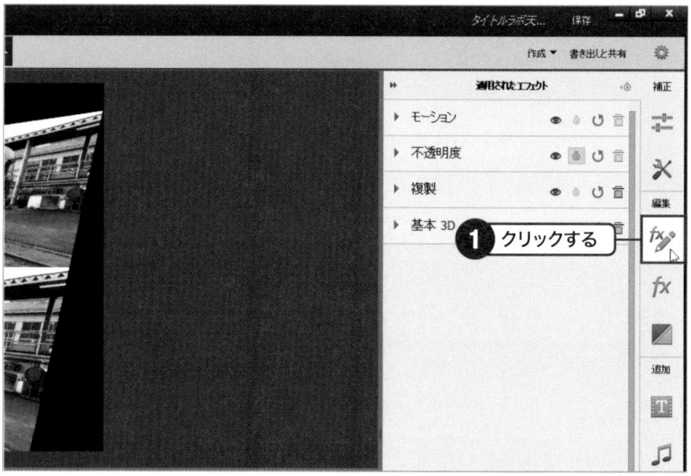

Memo

順番を入れ替えるには?

エフェクトの順番を入れ替えるためには、＜モーション＞と＜不透明度＞を除いて、少なくとも2つ以上のエフェクトが適用されている必要があります。

3 エフェクトの順番を入れ替える

エフェクト名をドラッグし（❶）、エフェクトの順番を入れ替えます。

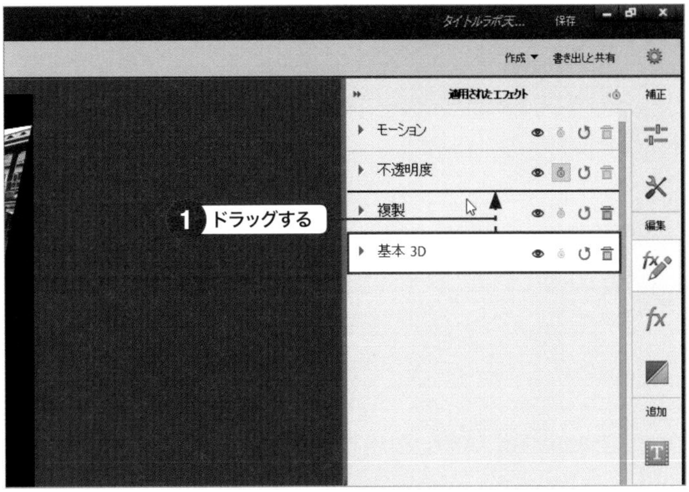

4 エフェクトが入れ替わった

エフェクトが入れ替わり（❶）、エフェクトの効果が変化しました（❷）。

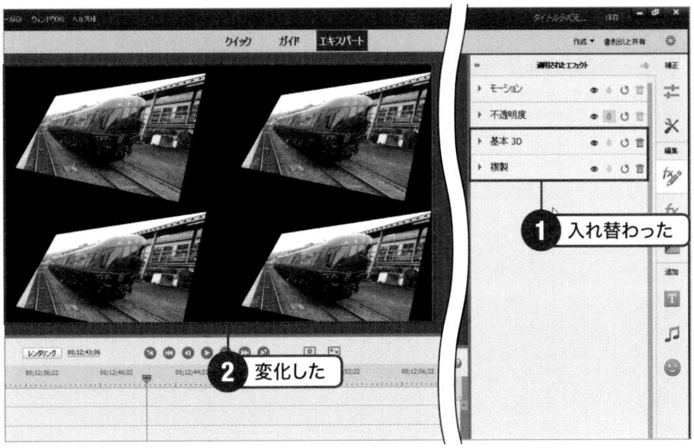

Memo

エフェクトを入れ替えるとどうなる?

＜適用されたエフェクト＞の下にいくほど、クリップに対する効果付けの順番があとになります。
すなわち、Aのエフェクトを適用したあとにBのエフェクトを適用する、ということです。
例えば、A：線描、B：モザイクだとすると、Aのエフェクトで線描になったクリップのあとからモザイクをかけるので、最終的な見た目はモザイクになります。ですが、Bのモザイクエフェクトを先にかけると、その上で線描がされるので、結果が異なります。

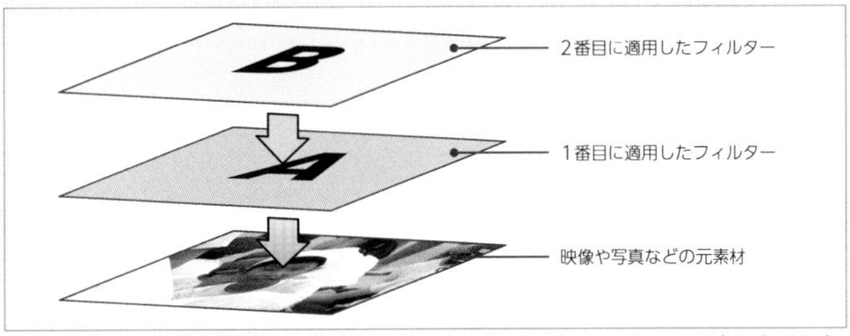

※この場合、＜適用されたエフェクト＞でフィルター Aはフィルター Bの上になります。

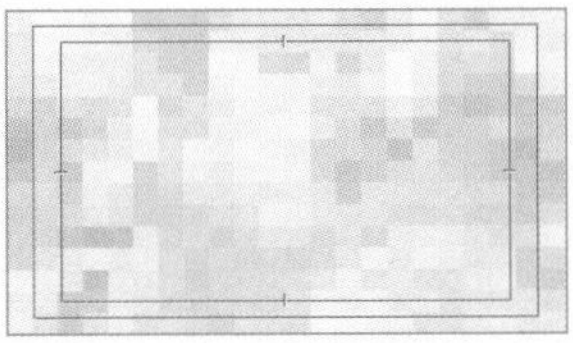

Aのあとに Bのエフェクトを適用

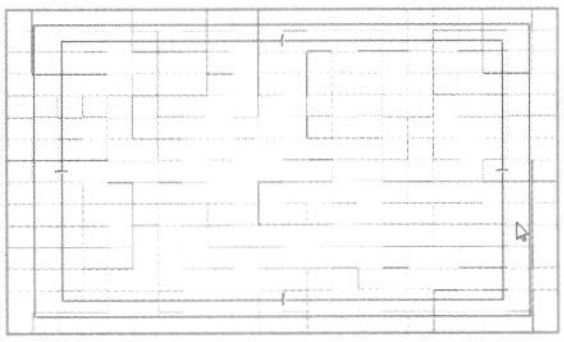

Bのあとに Aのエフェクトを適用

Section 41

エフェクトを自由な範囲に適用する -調整レイヤー

覚えておきたいキーワード
- 新規項目
- 調整レイヤー
- エフェクト

複数のクリップに対してまとめてエフェクトを適用することは可能ですが、調整する場合は1つずつ行う必要があります。調整レイヤーを使うことでクリップの数にかかわらず、自由に適用範囲を指定することができます。

1 調整レイヤーを作成する

1 調整レイヤーを作成する

<プロジェクトのアセット>をクリックし（❶）、<パネルオプション>→<新規項目>→<調整レイヤー>の順にクリックします（❷）。

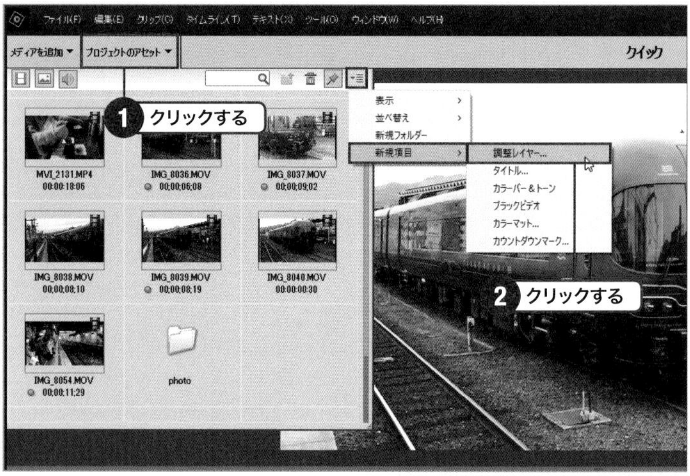

2 調整レイヤーを配置する

<プロジェクトのアセット>パネルから調整レイヤーをタイムラインにドラッグします（❶）。このとき、エフェクトをかけたいクリップよりも上位のトラックに配置してください。

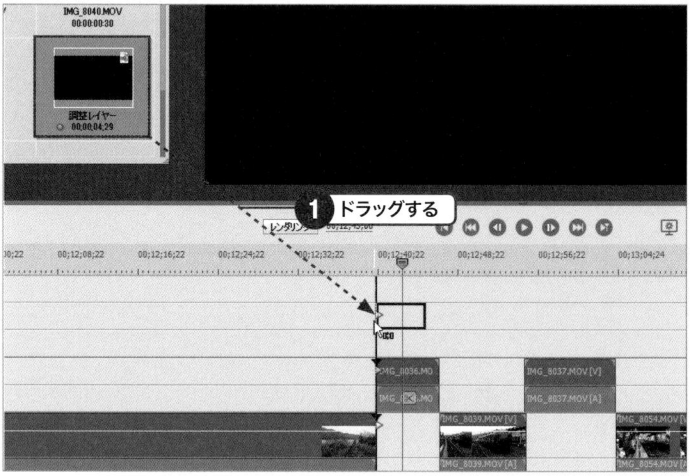

3 調整レイヤーの長さを変更する

調整レイヤーの端をドラッグし（❶）、エフェクトを適用したい範囲に調整します。

2 調整レイヤーにエフェクトを適用する

1 エフェクトを適用する

＜エフェクト＞をクリックし（❶）、目的のエフェクトを調整レイヤーにドラッグします（❷）。

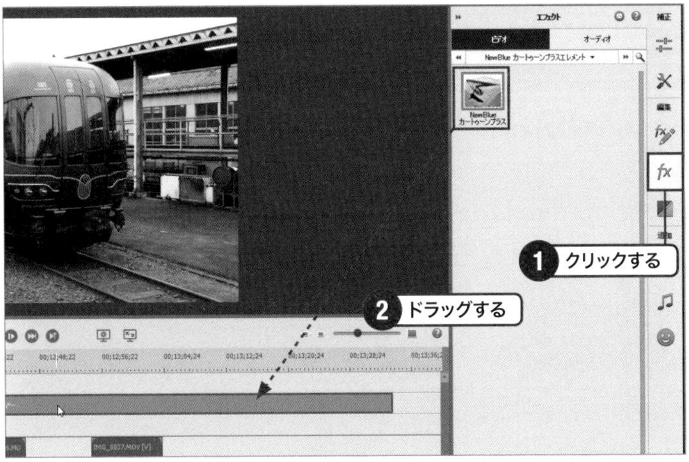

2 エフェクトが適用された

調整レイヤーにエフェクトが適用されました(❶)。時間インジケーターをドラッグして、複数のクリップにエフェクトがかかっていることを確認します。

Memo 調整レイヤーを使うメリットは？

クリップ本体に直接エフェクトをかけていないので、複数のクリップにまたがってエフェクトをかけるなど、自由度の高いエフェクト表現ができます。

Section
42 エフェクトを無効化／削除する

覚えておきたいキーワード
- 適用されたエフェクト
- エフェクトの削除
- エフェクトのオン／オフ

クリップに適用したエフェクトが不要な場合は、エフェクトを削除することで元のクリップに戻すことができます。完全に削除してしまうのか、一時的に無効にするのかで操作方法が変わります。

1 エフェクトを一時的に無効にする

1 エフェクトを無効にする

ツールバーの＜適用されたエフェクト＞をクリックし（❶）、無効にしたいエフェクトの＜エフェクトのオン／オフ＞をクリックします（❷）。

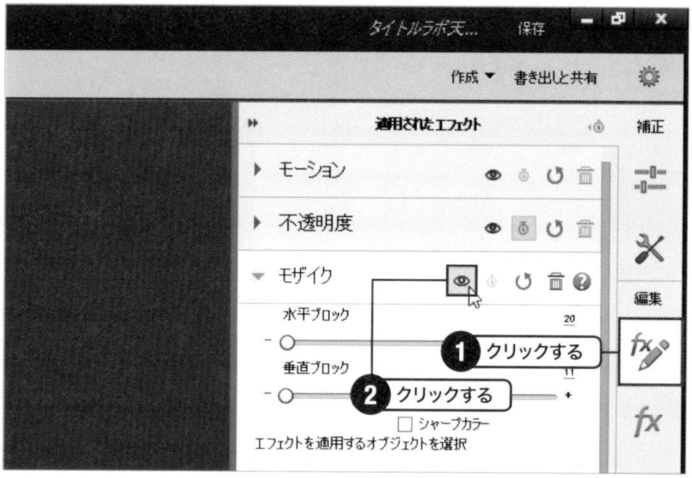

2 無効になったことを確認する

エフェクトが無効になり（❶）、エフェクト適用前の状態に戻りました。再度クリックすると、エフェクトが有効になります。

② エフェクトを削除する

1 エフェクトを削除する

<適用されたエフェクト>をクリックし(❶)、削除したいエフェクトの<エフェクトを削除>をクリックします（❷)。

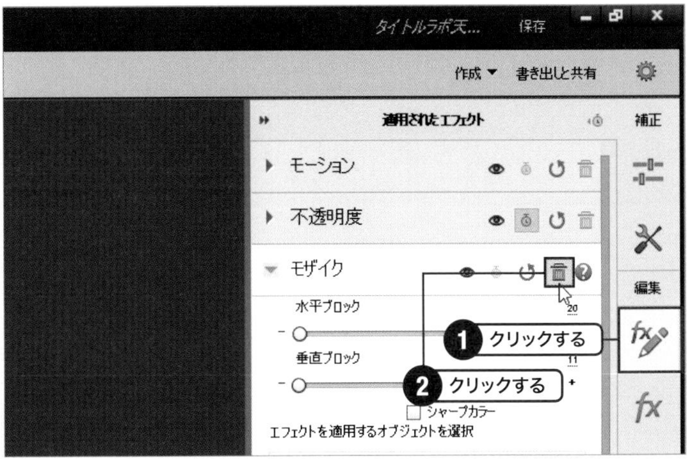

2 削除されたことを確認する

エフェクトが削除され（❶)、エフェクト適用前の状態に戻りました。

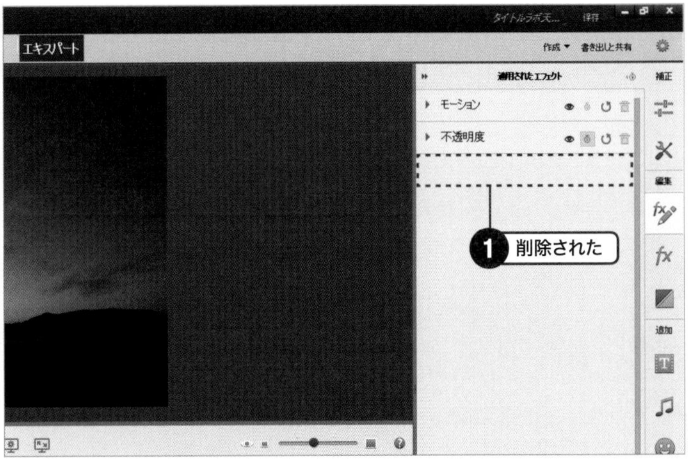

Memo

無効化と削除の違いとは?

<エフェクトのオン／オフ>で無効にしたエフェクトは、再度<エフェクトのオン／オフ>をクリックすることで有効化することができます(❶)。<エフェクトの削除>は、適用したエフェクトを完全に削除してクリップを元の状態に戻します。

Stepup

<新規項目>の使い方

<プロジェクトのアセット>パネルのオプションメニューには、<新規項目>というメニューが用意されています。新規項目に含まれるメニューは以下の通りです。

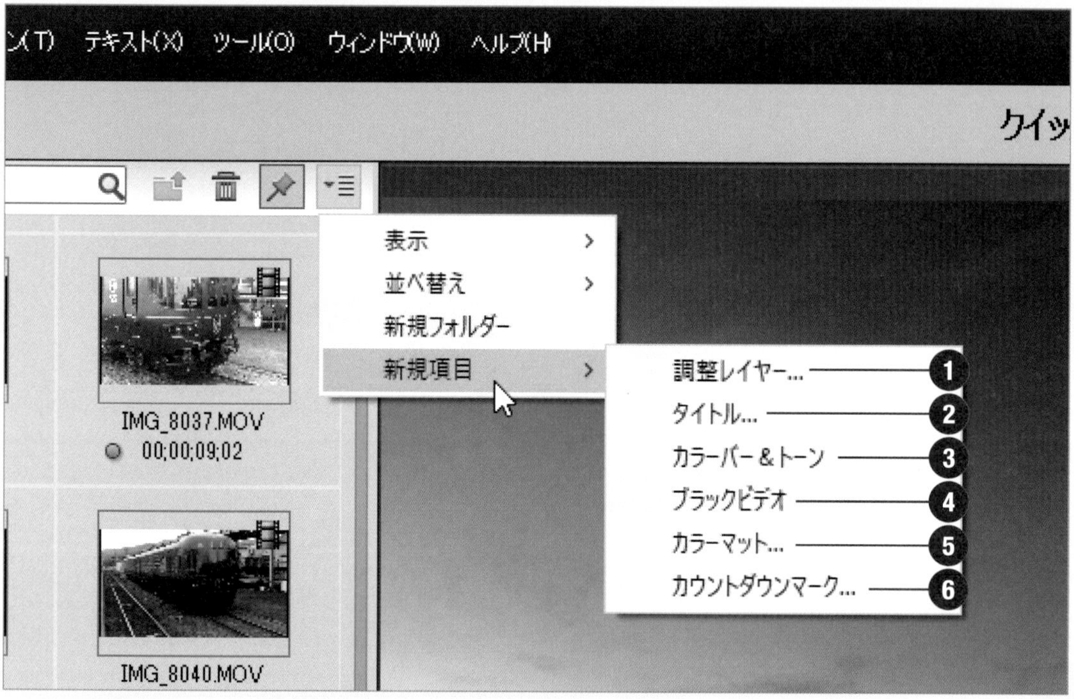

名称	内容
❶調整レイヤー	内容を含まない透明のレイヤーです。調整レイヤーに対してエフェクトを適用すると、調整レイヤーより下のトラックに配置されたクリップに対してまとめてエフェクトが適用されます。詳しくはP.100を参照してください。
❷タイトル	クラシックな初期設定のテキストを作成します。ツールバーの＜タイトル＞と同様の設定が可能です。
❸カラーバー＆トーン	複数の色を並べた画面です。この色を基準にモニタやテレビ画面のカラーを調整します。また、オーディオクリップに「ピー」という1kHzの周波数のトーンが含まれています。TV放送終了後によくみかけますね。
❹ブラックビデオ	黒い静止画を追加します。タイムライン上のクリップにドラッグすると、その位置でクリップが分割され、クリップ間にブラックビデオが挿入されます。
❺カラーマット	指定した色で単一の背景色を追加します。作られたマットは静止画クリップと同じように扱うことができます。
❻カウントダウンマーク（Windows版のみ）	ムービーの先頭に配置することで、ムービーがはじまるまでのカウントダウンを行います。Mac版には本機能は含まれていません。

第5章

便利なムービー編集テクニック

Section 43 スロー映像／早送り映像を作成する
Section 44 巻き戻し映像を作成する
Section 45 静止した映像を作成する
Section 46 映像の中に小さな映像を表示する
Section 47 2 つの画面を並べて再生する
Section 48 画面に立体的な動きを加える - 基本 3D
Section 49 特定の色を残してモノクロにする - カラーパス
Section 50 高度な画像補正で見栄えをよくする
Section 51 クリップを重ねて独特の表現にする - 描画モード
Section 52 窓ガラス効果を作成する
Section 53 特定の色を透明にして合成する - Ultra キー
Section 54 写真の一部を切り抜いて合成する
Section 55 「吹き出し」を対象に合わせて動かす - モーショントラッキング
Section 56 写真スライドショーを作成する
Section 57 タイムラプス映像を作成する
Section 58 コマ撮り風の映像を作成する

Section 43

スロー映像／早送り映像を作成する

覚えておきたいキーワード
- タイムリマップ
- タイムゾーン
- フレームブレンド

タイムリマップの機能を利用して、動画の速度が変わる効果を作成してみましょう。例えば、サッカーの試合での得点シーンをスローで表現したり、時間の経過を表現するために早送りを使うなどの演出が考えられます。

1 タイムリマップで速度を調整する

1 タイムリマップを実行する

対象となるクリップをクリックして選択します（❶）。ツールバーの＜ツール＞をクリックし（❷）、＜タイムリマップ＞をクリックします（❸）。

2 タイムゾーンを追加する

＜タイムリマップ＞画面が表示されます。速度を変更したい位置まで時間インジケーターをドラッグし（❶）、＜タイムゾーンを追加＞をクリックして（❷）、タイムゾーンを追加します。タイムゾーンは複数作ることもできます。

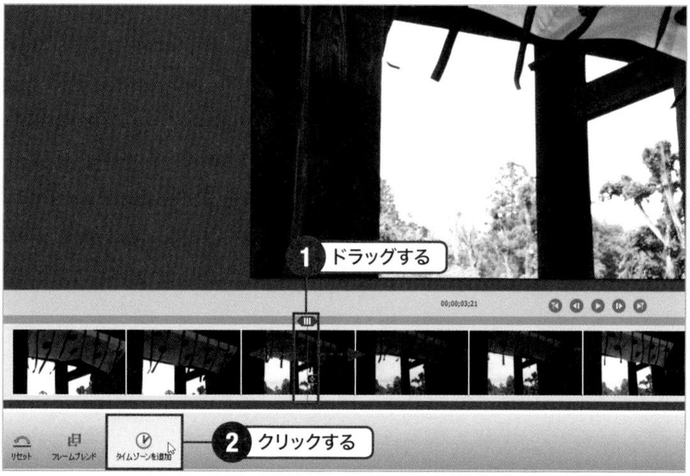

Memo タイムゾーンを削除するには？

タイムゾーンの右上にある＜このタイムゾーンを削除＞×をクリックします。

3 範囲を指定する

タイムゾーンの端をドラッグし（❶）、タイムリマップの対象エリアを指定します。

Hint

速度変化を滑らかにするには?

速度が変わるタイミングを滑らかにしたい場合は、＜イージング＞（手順 4 の画面参照）ににチェックを入れます。開始時の場合は＜イン＞、終了時の場合は＜アウト＞に、それぞれチェックを入れます。

4 速度を変更する

スライダーを調整し、速度変化を指定します（❶）。速度を変化させると、変化後のタイムゾーンの長さがデュレーションに反映されます（❷）。

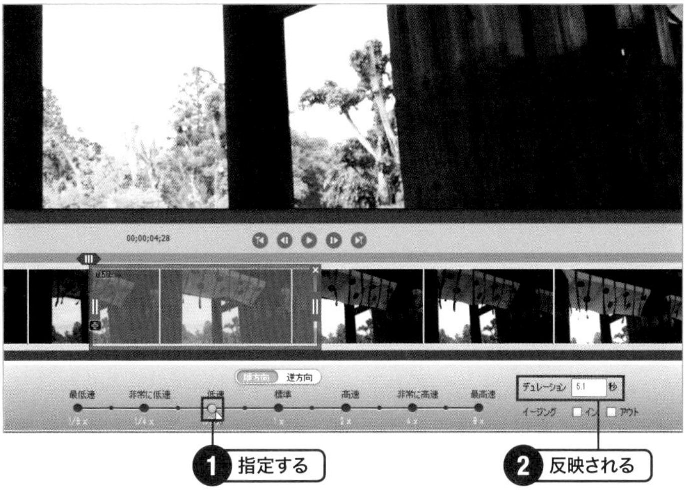

Keyword

デュレーション

デュレーションとは動画などの時間の長さのことです。

5 再生して確認する

＜再生＞をクリックして動作を確認し（❶）、問題なければ＜完了＞をクリックします（❷）。音声を削除するかを確認されるので、残す場合は＜いいえ＞をクリックします。

Keyword

フレームブレンド

＜フレームブレンド＞（手順 3 の画面参照）をクリックすると、フレームとフレームの間を補完して動きを滑らかにします。スロー映像のときのみ有効です。

Section 44

巻き戻し映像を作成する

覚えておきたいキーワード
- 巻き戻し
- タイムストレッチ
- 逆再生

タイムリマップの機能を使えば、クリップの任意の範囲を簡単に巻き戻し映像にすることができます。また、タイムストレッチでも同様の巻き戻し映像を作成することができますが、タイムリマップとは機能に差があります。

1 タイムリマップで巻き戻し映像を作成する

1 タイムリマップを実行する

P.106手順 1 ～ P.107手順 3 の方法で、＜タイムリマップ＞画面でタイムゾーンの範囲を指定します（❶）。

2 クリップを巻き戻す

＜逆方向＞をクリックし（❶）、巻き戻す速度を指定します（❷）。再生して動作を確認したら、＜完了＞をクリックします（❸）。

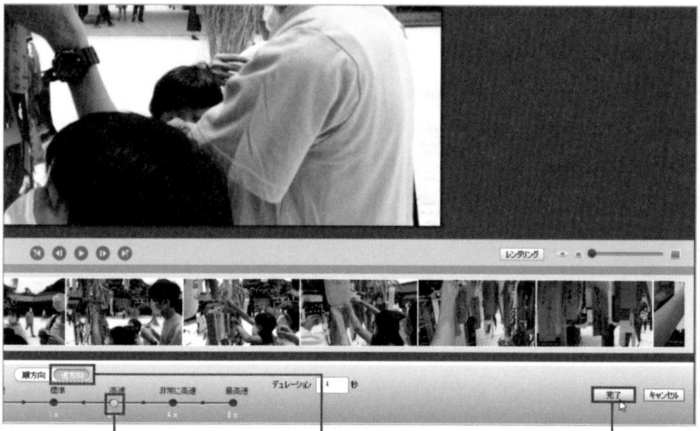

Hint

オーディオを削除するか聞かれる

タイムリマップはビデオトラックだけに適用されるため、オーディオトラックは通常のまま再生されます。結果的に映像とのズレが発生するため、音声を削除するかどうかを指定します。

② タイムストレッチで巻き戻し映像を作成する

1 タイムストレッチを適用する

タイムライン上で対象となるクリップをクリックし（❶）、＜クリップ＞→＜タイムストレッチ＞の順にクリックします（❷）。

Memo

タイムリマップとの違いとは？

タイムリマップがクリップ内にいくつも速度変化を適用できるのに対し、タイムストレッチはクリップ全体に速度変化を適用します。

2 タイムストレッチを設定する

＜タイムストレッチ＞画面が表示されます。＜逆再生＞をクリックしてチェックを入れます（❶）。＜OK＞をクリックします（❷）。

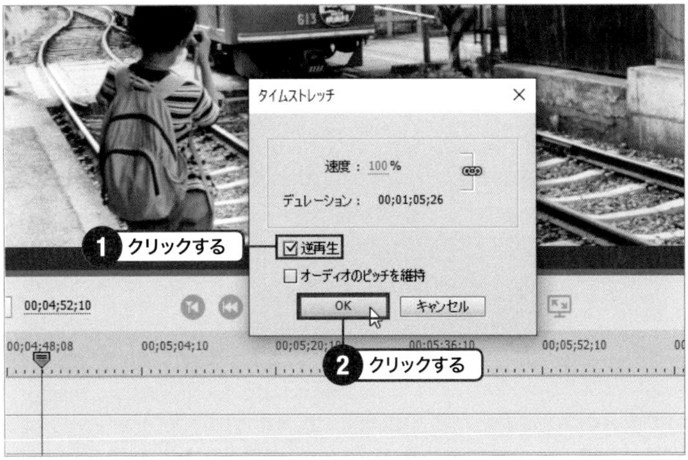

Hint

タイムストレッチで再生速度を変更するには？

再生速度を変更したい場合は＜速度＞の数値を左右にドラッグするか（❶）、直接数値を入力します。その際、音声も合わせて速度が変わりますが、音声のピッチ（音の高さ）を変えたくない場合は＜オーディオのピッチを維持＞にチェックを入れておきましょう。

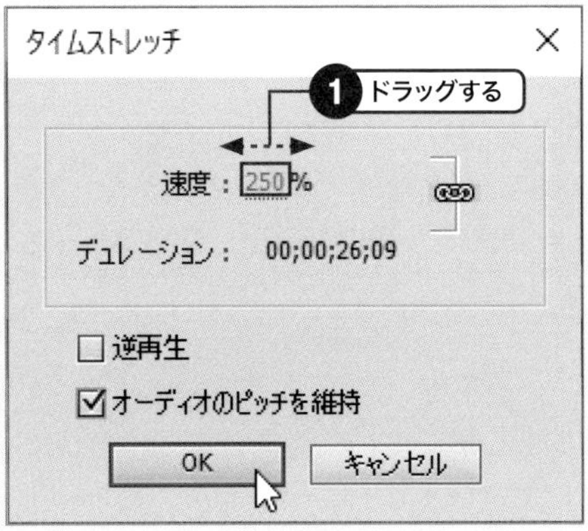

Section 45

静止した映像を作成する

覚えておきたいキーワード
- フリーズフレーム
- ムービーにインサート
- 書き出し

ビデオクリップの中で印象的なシーンの一部分を抜き出して、静止画として扱うことができます。フリーズフレームでは、指定した箇所に挿入するだけでなく、その瞬間を画像ファイルとして書き出すことも可能です。

1 フリーズフレームを作成する

1 止めたいシーンを選択する

時間インジケーターをドラッグし（❶）、ビデオクリップの中から静止画として抽出したいフレームを選択します。

2 フリーズフレームを実行する

ツールバーの<ツール>をクリックし（❶）、<フリーズフレーム>をクリックして（❷）、フリーズフレームを実行します。

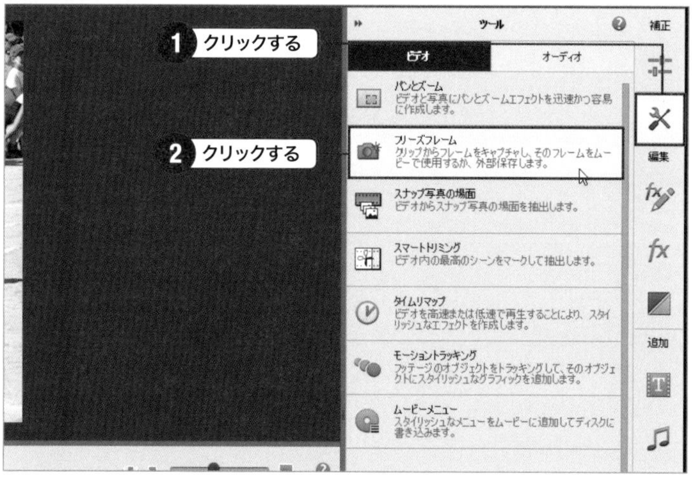

3 フリーズフレームの長さを設定する

＜フリーズフレーム＞画面が開きます。静止画の表示時間の長さを指定し（❶）、＜ムービーにインサート＞をクリックします（❷）。

Hint

ファイルとして書き出すこともできる

＜フリーズフレーム＞画面上で＜書き出し＞をクリックすると、フレームをタイムラインに挿入せずに、ファイルとして出力することができます。

4 フリーズフレームが挿入された

タイムラインの時間インジケーターの位置に、設定した長さの静止画が挿入されました（❶）。

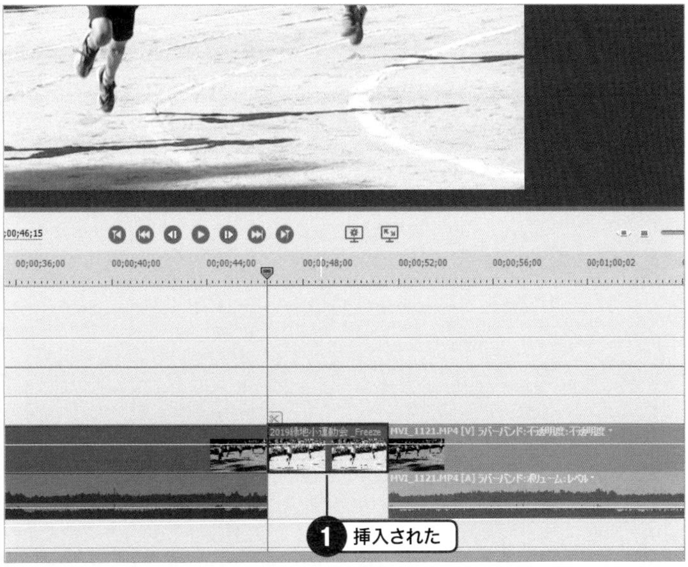

Stepup

「スナップ写真の場面」とは?

「スナップ写真の場面」とは、ビデオクリップから複数枚の静止画を自動、もしくは手動で書き出すことができる機能です。
この機能を使うには、静止画を書き出したいビデオクリップをクリックしたあと、手順 2 を参考に＜スナップ写真の場面＞をクリックするか、手順 3 で＜スナップ写真の抽出＞をクリックします。＜自動抽出＞や＜カメラ＞アイコンで静止画を選択し、＜タイムラインに書き出し＞をクリックすると静止画をタイムラインに書き出せます。

Section 46

映像の中に小さな映像を表示する

覚えておきたいキーワード

- ピクチャインピクチャ
- 縦横比率
- トラック

テレビでみかける、映像の一部に別の小さな映像を表示する表現をピクチャインピクチャといいます。Premiere Elementsでは、ごく簡単な設定でピクチャインピクチャを実現することが可能です。

1 クリップをピクチャインピクチャで配置する

1 クリップを配置する

時間インジケーターを、ピクチャインピクチャを配置したいシーンに移動しておきます。<プロジェクトのアセット>をクリックし（❶）、小さく表示したいクリップをプレビューウィンドウ上にドラッグします（❷）。

2 ピクチャインピクチャで配置する

メニューから<ピクチャインピクチャ>をクリックします（❶）。クリップが小さく配置されます。

Hint

ピクチャインピクチャの長さを変更するには?

タイムライン上では、ピクチャインピクチャ側のクリップは、本編とは別のトラックに配置されています。そのため、長さを自由に変更して、複数のクリップにまたがって表示させることもできます。

② ピクチャインピクチャの位置や大きさを調整する

1 大きさを調整する

配置されたクリップのコーナー部分を Shift を押しながらドラッグし（❶）、大きさを調整します。

Memo

Shift を押すのはなぜ?

そのままドラッグすると、ドラッグ時に縦横比率が変わってしまいます。Shift を押しながらドラッグすると、縦横比率を保ったまま、大きさを調整することができます。

2 位置を調整する

配置されたクリップの内側をドラッグし（❶）、位置を調整します。

3 角度を調整する

配置されたクリップの外側をドラッグし（❶）、角度を調整します。

Hint

ピクチャインピクチャの枠をアレンジするには?

ピクチャインピクチャのクリップは、エフェクトを使ってアレンジすることができます。P.88を参考に、エフェクトの＜変形＞カテゴリから＜クリップ＞(Windowsのみ)を適用して枠を付けたり、＜遠近感＞カテゴリの＜ドロップシャドウ＞で影を付けたりできます。

Section 47

2つの画面を並べて再生する

覚えておきたいキーワード

- クロップエフェクト
- ズーム
- エッジをぼかす

野球で対戦する投手と打者の表情や、車の前方と後方など、同時に違う被写体を対比させたい場合などに、画面を2分割する表現があります。ここでは、クロップエフェクトを使って実現する方法を解説します。

1 並べたいムービークリップを配置する

1 タイムライン上にクリップを追加する

<プロジェクトのアセット>から、タイムラインにクリップを配置しておきます(❶)。別のトラック上の同じ位置に、別のクリップをドラッグして配置します(❷)。

2 クリップの長さを調整する

クリップの長さが同じになるように、クリップをドラッグしてトリミングします(❶)。

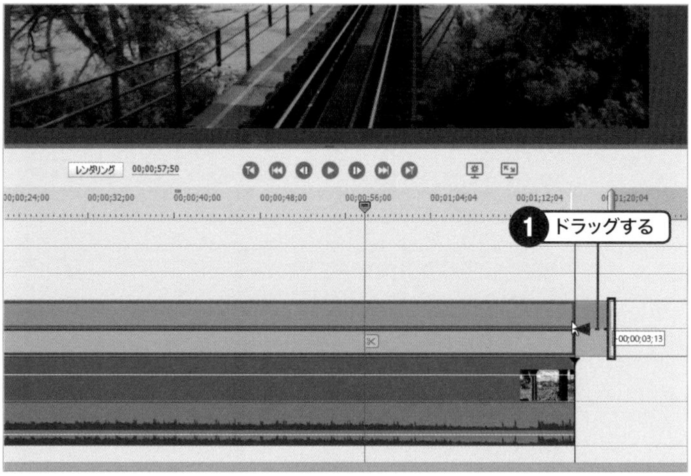

2 クロップエフェクトを実行する

1 クロップを適用する

ツールバーの＜エフェクト＞をクリックし（❶）、＜変形＞カテゴリにある＜クロップ＞を、上の階層にあるトラックのクリップにドラッグします（❷）。

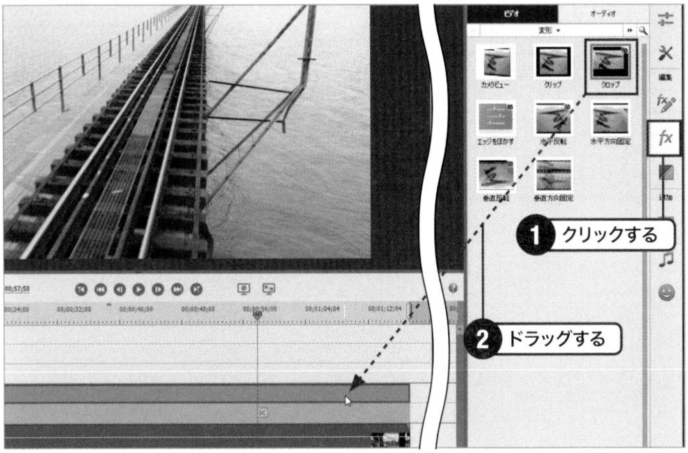

2 クロップが適用された

クロップが適用されたクリップの一部分が消えました（❶）。

Memo

クリップの一部が消えたのはなぜ?

クロップは、指定した範囲以外を非表示にするエフェクトです。初期設定値では、クロップが適用されたクリップの一部がトリミングされて表示されます。

3 パネルで範囲を指定する1

＜適用されたエフェクト＞パネルの＜クロップ＞で、トリミングする範囲を指定します。＜左＞スライダーをドラッグすると（❶）、クリップの左側のトリミング範囲を指定できます。ここでは、数値部分を「50」に設定します。

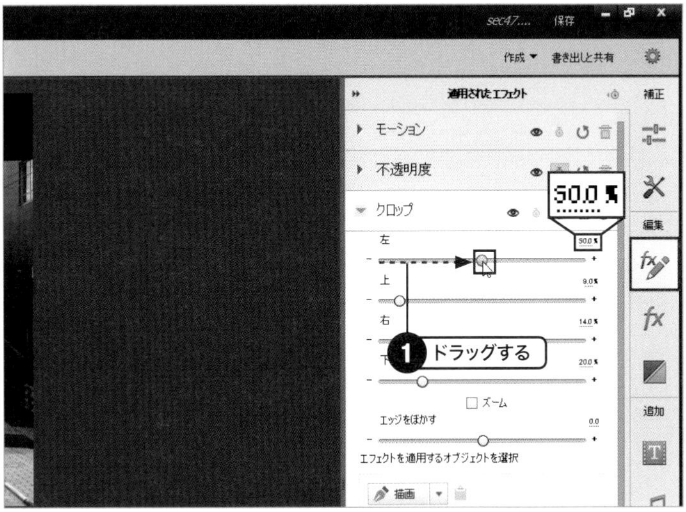

Hint

数値を直接入力する

クロップの数値部分をクリックし、直接数値を入力することもできます。数値の入力後、Enter を押してください。

4 パネルで範囲を指定する2

同様に、＜上＞＜右＞＜下＞をそれぞれドラッグし（❶）、クリップのトリミング範囲を指定します。ここでは「0」に設定します。

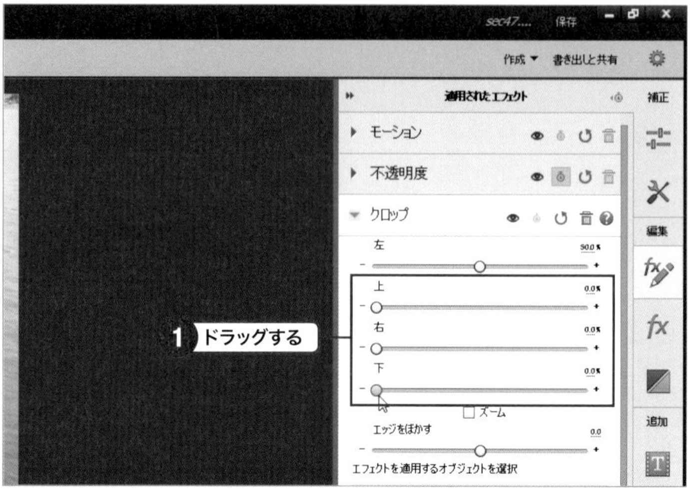

Hint ＜ズーム＞とは?

＜ズーム＞にチェックを入れると、指定した範囲を全画面に引き伸ばして表示します。縦横比率が崩れる場合があるので使用時は注意しましょう。

5 手動で範囲を指定する

ドラッグして範囲を調整したい場合は、＜適用されたエフェクト＞パネルの＜クロップ＞をクリックすると（❶）、プレビューウィンドウのクロップ部分にフレームが表示されます。フレーム上のポイントをドラッグすることで（❷）、手動でクロップ範囲を変更することができます。

Hint エッジをぼかすには?

＜エッジをぼかす＞スライダーをドラッグすると、クロップ範囲の境界をぼかすことができます。

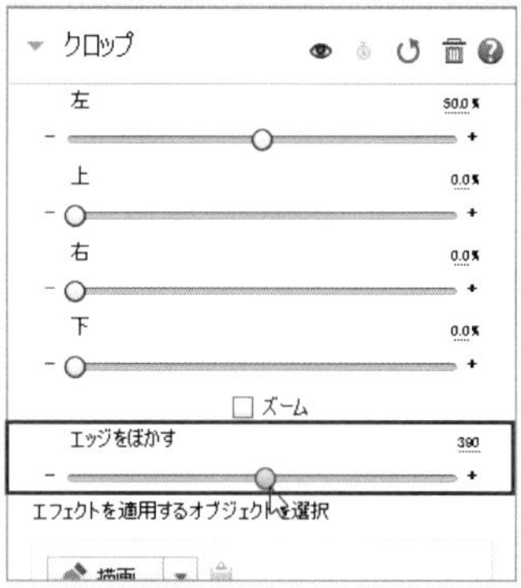

③ クロップの位置を調整する

1 クロップの位置を調整する

<適用されたエフェクト>の<モーション>を開きます。<位置>の水平位置を左右にドラッグし（❶）、見せたいエリアの位置を調整します。 Shift を押しながらドラッグすると、高速で移動できます。

Memo 手動で調整するには?

プレビューウィンドウでクリップをクリックしたあと、ドラッグすると手動で位置を移動できます。

2 元クリップの位置を調整する

タイムラインで元クリップをクリックし（❶）、<適用されたエフェクト>→<モーション>をクリックします（❷）。手順 1 と同様に見せたい範囲が画面内に収まるように調整します。

Hint 調整時のコツ

必要に応じて、2つの映像のタイミングが合うようにタイムラインの位置を調整しましょう。

3 再生して確認する

プレビューウィンドウで<再生>をクリックし（❶）、内容を確認します。

Section 48

画面に立体的な動きを加える-基本3D

覚えておきたいキーワード

- 基本3D
- スウィベル
- ティルト

「基本3D」のエフェクトを使えば、映像が3D空間を動き回るようなアニメーションを作成することができます。応用することで、いくつもの映像が空間を飛び回るような演出にすることができます。

1 基本3Dエフェクトを適用する

1 基本3Dを適用する

ツールバーから＜エフェクト＞をクリックし（❶）、＜遠近感＞カテゴリにある＜基本3D＞をタイムライン上のクリップにドラッグします（❷）。

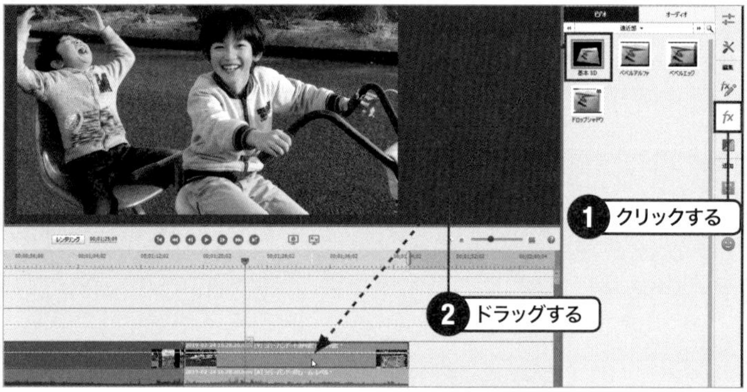

2 基本3Dの効果を調整する

＜基本3D＞の効果は、以下の項目で調整できます。表を参考にして、エフェクトの調整を行います（❶）。

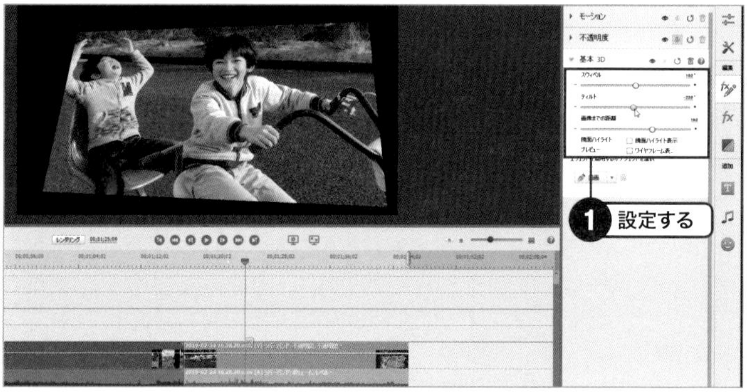

スウィベル	回転ドアのように、映像を縦方向の軸を中心として回転します。最大で4周分回転します。
ティルト	水車の羽根のように、映像を横方向の軸を中心として回転します。最大で4周分回転します。
画像までの距離	「－」方向にドラッグすると大きく、「＋」方向にドラッグすると小さく表示されます。
鏡面ハイライト	映像表面に光の反射効果が追加されます。
プレビュー	3Dの枠線のみが表示されます。

② アニメーションを適用する

1 キーフレームを追加する

時間インジケーターをドラッグし（❶）、アニメーションを開始したいタイミングに移動します。<アニメーションのオン/オフ>をクリックし（❷）、キーフレームを追加します。

2 エフェクトを編集する

時間インジケーターをアニメーションの終了位置までドラッグし（❶）、終了時のエフェクト状態を設定します（❷）。設定が完了したら、再生してアニメーションを確認しましょう。

Stepup

3Dの映像に枠を付けるには？

映像の周囲に枠を付けるには、エフェクトの<変形>カテゴリから<クリップ>（Windowsのみ）を適用します。適用後、<塗りのカラー>を好みの色に設定し、スライダーで枠の太さを設定します。なお、<基本3D>を適用したあとに<クリップ>を適用した場合は、エフェクトの順番を入れ替える必要があります。エフェクトの順番を入れ替える方法は、P.98を参照してください。

Section 49

特定の色を残してモノクロにする　-カラーパス

覚えておきたいキーワード

- カラーパス
- 類似性
- 逆方向

「カラーパス」エフェクトを使うと、特定の色以外をモノクロにできます。例えば、口紅を塗った女性の唇やバラの花びらなどに適用することで、印象深いシーンを作ることが可能です。ただし、目的の色だけを抽出するには少しコツが必要です。

1 カラーパスエフェクトを適用する

1 カラーパスを適用する

ツールバーから＜エフェクト＞をクリックし（❶）、＜イメージコントロール＞カテゴリにある＜カラーパス＞をタイムライン上のクリップにドラッグします（❷）。

2 残したい色を指定する

＜スポイト＞アイコンをクリックし（❶）、カラーのまま残しておきたい部分をプレビューウィンドウ上でクリックします（❷）。

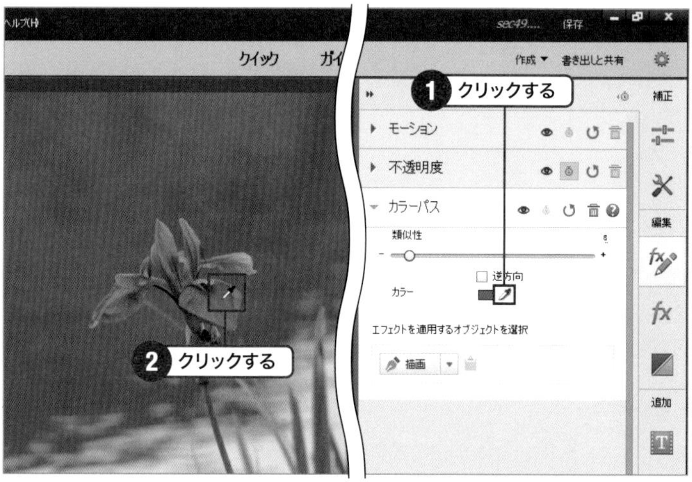

3 色の範囲を調整する

<類似性>スライダーをドラッグすると(❶)、対象となる色の範囲を指定できます。

Stepup

色を指定するときのコツ

対象の色だけをカラーにするのは難しい作業です。エフェクトは重ね掛けが可能なので、ここでは類似性の数値を少し大きくしておき、以下の方法で、不要な色を少しずつ削っていくとよいでしょう。

2 より正確に色を指定する

1 カラーパスを重ねがけする

P.120を参考に、同じクリップに再度<カラーパス>を適用します(❶)。<逆方向>にチェックを入れ(❷)、<スポイト>アイコンをクリックし(❸)、白黒にしたい色をクリックします(❹)。

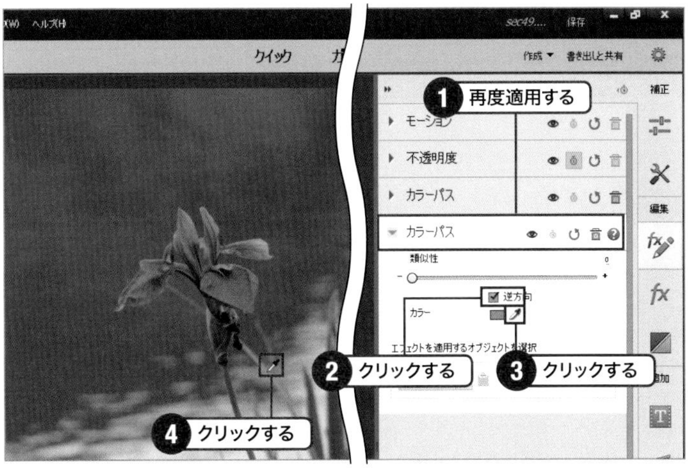

Memo

<逆方向>とは?

<逆方向>にチェックを入れると、スポイトで指定した色「以外」の部分がカラーになります。先ほどとは逆になるので注意しましょう。

2 不要な色の範囲を調整する

<類似性>スライダーをドラッグして、色の範囲を調整します(❶)。

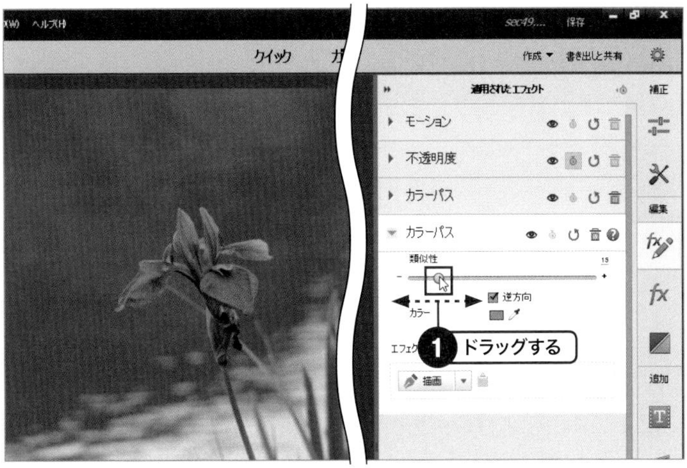

Memo

不要な色が残ったら?

まだ不要な色が残った場合は、同様の方法でさらに<カラーパス>を適用し、不要な色を削除していきます。

Section 50

高度な画像補正で見栄えをよくする

覚えておきたいキーワード

- シャープ
- かすみの除去
- 感度

エフェクト（画像補正）を使って映像の質を向上させましょう。ここでは、色の境界を強調することでメリハリを効かせる「シャープ」と、気象条件などによって白っぽくなった映像をクッキリさせる「かすみの除去」について解説します。

1 シャープエフェクトを適用する

1 シャープを適用する

ツールバーから＜エフェクト＞をクリックし（❶）、＜ブラー＆シャープ＞カテゴリにある＜シャープ＞をタイムライン上のクリップにドラッグします（❷）。

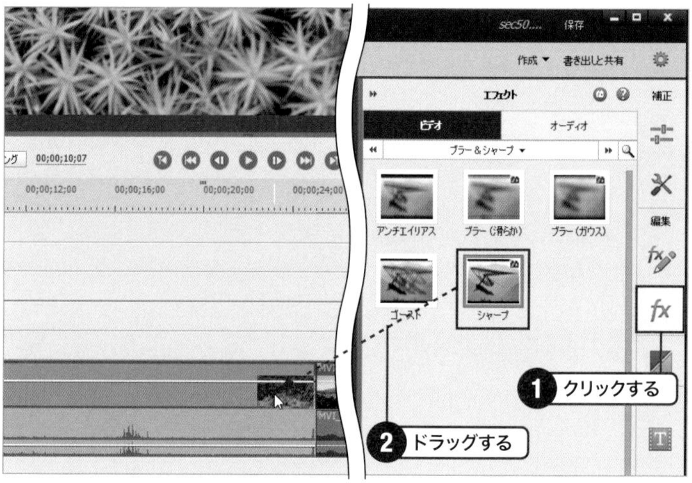

2 シャープの効果を調整する

＜シャープ量＞スライダー右側の数字をドラッグし（❶）、エフェクトのかかり具合を調整します。

Hint 映像が粗くなってしまったら?

＜シャープ量＞スライダーを直接ドラッグすると、細かいコントロールが効かず、過剰に強調されてしまいます。右上の適用量の数字をドラッグするか、直接数値を入力するようにしましょう。

② かすみの除去エフェクトを適用する

1 かすみの除去を適用する

ツールバーから＜エフェクト＞をクリックし（❶）、＜高度な調整＞カテゴリにある＜かすみの除去＞をタイムライン上のクリップにドラッグします（❷）。

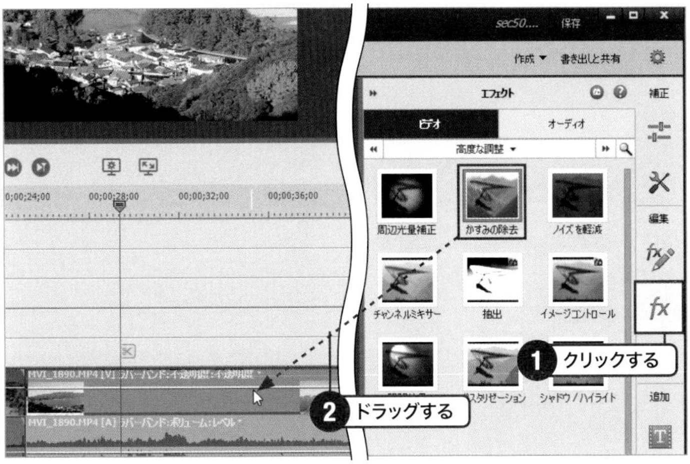

2 かすみの除去の効果を調整する

＜感度＞スライダーをドラッグし（❶）、エフェクトのかかり具合を調整します。

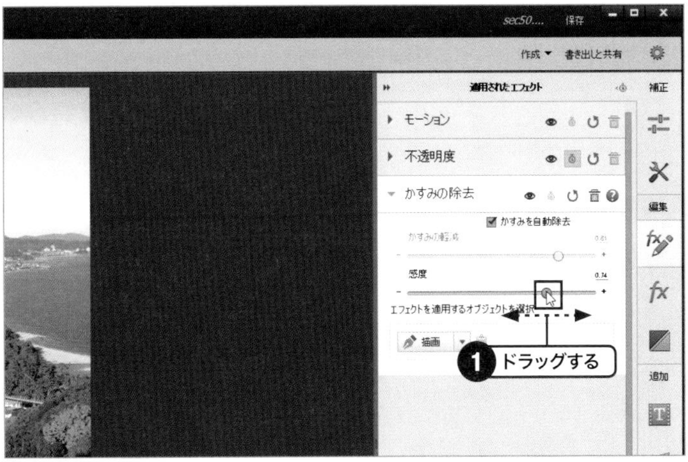

Memo

＜感度＞とは？

＜感度＞スライダーでは、かすみを軽減するためのしきい値を指定します。数値を大きくするとより多くのかすみを除去することができますが、やりすぎるとノイズが発生したり、映像のコントラストが大きくなりすぎることがあります。

Hint

＜かすみを自動除去＞とは？

＜かすみを自動除去＞にチェックが入っていると、映像から自動的にかすみが軽減されます。手動で細かく調整したい場合はチェックを外し、＜かすみの軽減＞スライダーで軽減量を指定します。

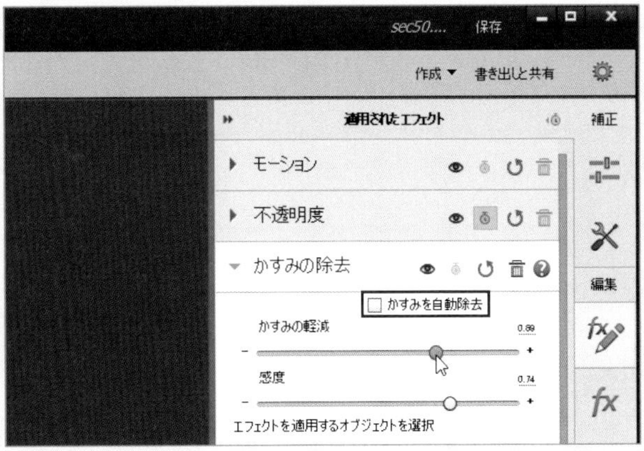

Section 51

クリップを重ねて独特の表現にする　-描画モード

覚えておきたいキーワード
- クリップをコピー
- オーディオとビデオのリンクを解除
- 描画モード

描画モードを変更すると、下層のトラックにある映像と合成することができます。エフェクトと描画モードを組み合わせて、新しい表現を試してみましょう。

1 クリップを複製して重ねる

1 クリップをコピーする

＜ビデオ1＞トラックのビデオクリップを右クリックし、＜コピー＞を選択します。時間インジケーターをクリップのない位置にドラッグし、＜編集＞→＜ペースト＞の順にクリックして貼り付けます（❶）。

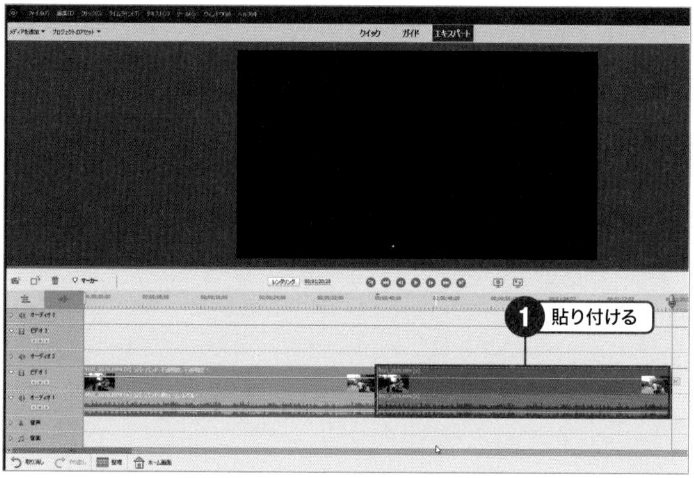

Hint 既存のクリップが上書きされる

コピーしたクリップは、時間インジケーターの位置を開始地点として貼り付けられるので、必ず時間インジケーターを他のクリップがない位置まで移動してから貼り付けます。

2 クリップを別トラックに移動する

複製されたクリップを＜ビデオ2＞トラックの同じ位置にドラッグして配置します（❶）。

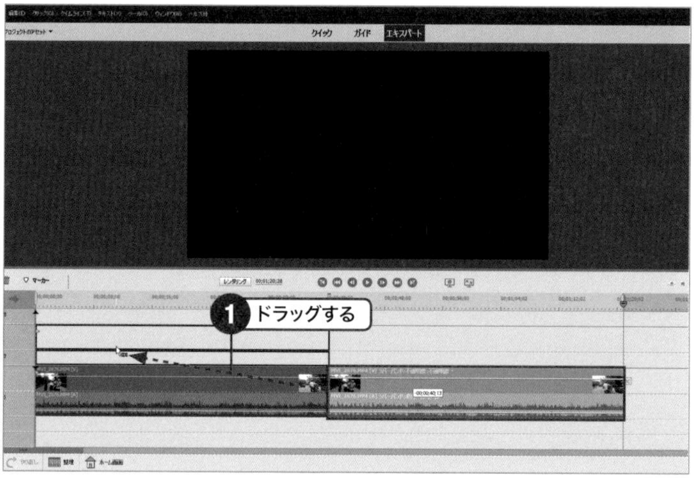

3 オーディオを削除する

複製したクリップを右クリックし（❶）、＜オーディオの削除＞をクリックします（❷）。

なぜオーディオを削除するの？

オーディオを削除するのは、同じオーディオを持ったクリップが重なることで、音が聞こえづらくなることを避けるためです。

2 クリップを合成する

1 クリップにエフェクトを適用する

複製したビデオクリップに、エフェクトを適用します。ここでは、例として＜スタイライズ＞カテゴリの＜モザイク＞を適用します（❶）。

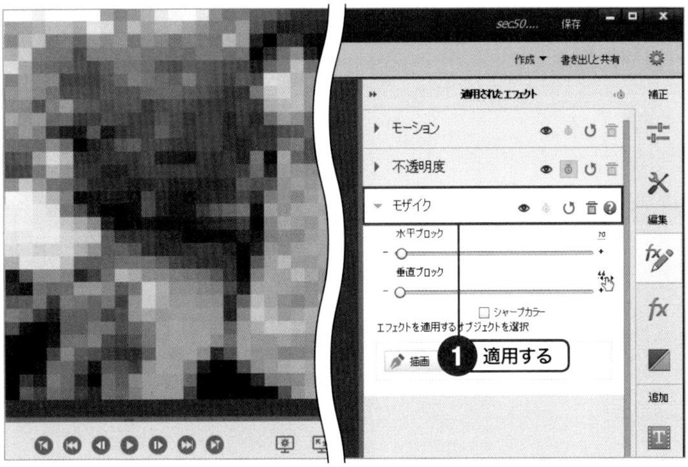

2 クリップの描画モードを変更する

複製したビデオクリップの＜不透明度＞をクリックして開き（❶）、描画モードを変更します。ここでは、例として＜オーバーレイ＞を選択します（❷）。

通常のエフェクトだけでは得られないような表現になりました。いろいろな組み合わせと表現を試してみましょう。

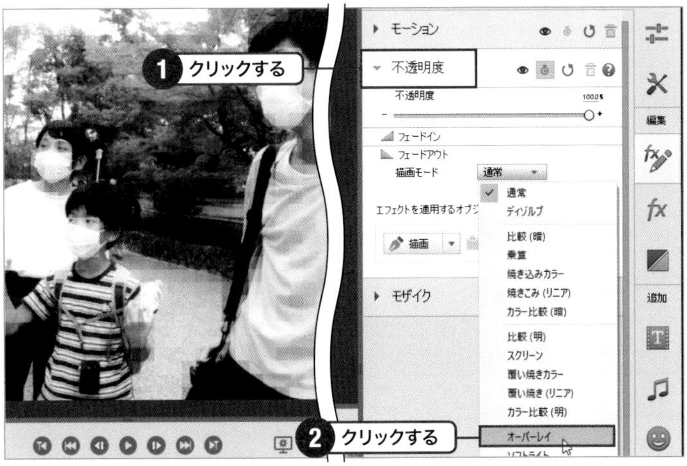

Section 52

アニメーションマットオーバーレイを使用する

覚えておきたいキーワード
- トランジション
- タイトル
- チェッカーボード

豊富に用意されているトラックマットキーエフェクトを利用して、効果が適用されているところとそうでないところを見せる演出を作ってみましょう。また、同じ手順で「窓ガラス効果」を作成することもできます。

1 クリップを配置する

1 クリップを追加する

＜プロジェクトのアセット＞パネルから、表示したいクリップを＜ビデオ1＞トラックにドラッグします❶。

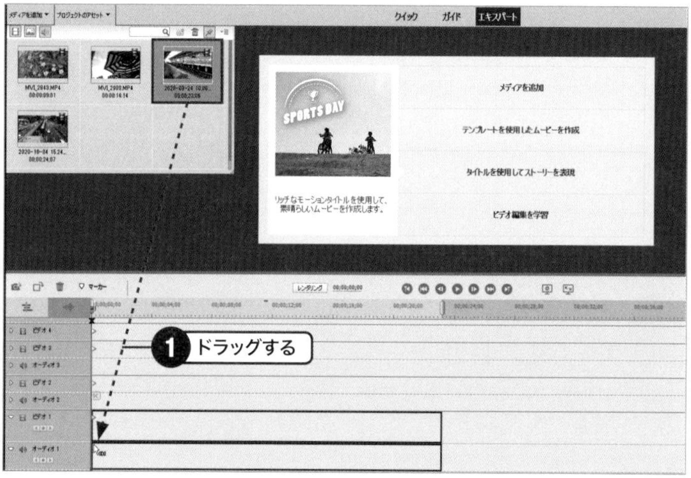

2 クリップを重ねる

同様に、同じクリップを同じスタート位置になるように＜ビデオ2＞トラックにドラッグします❶。P.125の手順 3 を参考に、＜ビデオ2＞トラックのクリップのオーディオを削除します。

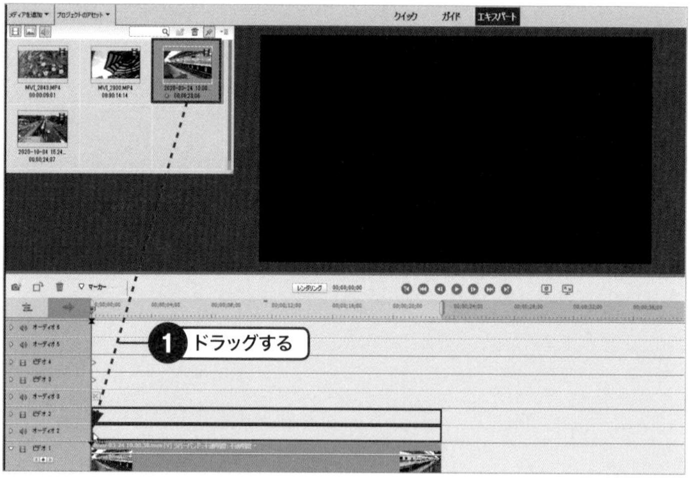

② エフェクトを追加する1

1 エフェクトを追加する

ツールバーの<エフェクト>をクリックし❶、カテゴリをクリックして❷、<Hollywoodルック>をクリックします❸。

Memo

Hollywoodルックはどんなエフェクト?

Hollywoodルックは固有のエフェクトではなく、さまざまなエフェクトの設定値をあらかじめ調整したプリセットです。

2 エフェクトを適用する

使用したいエフェクトをタイムラインの<ビデオ2>トラックにドラッグします❶。ここでは、例として<コミック>を使用します。

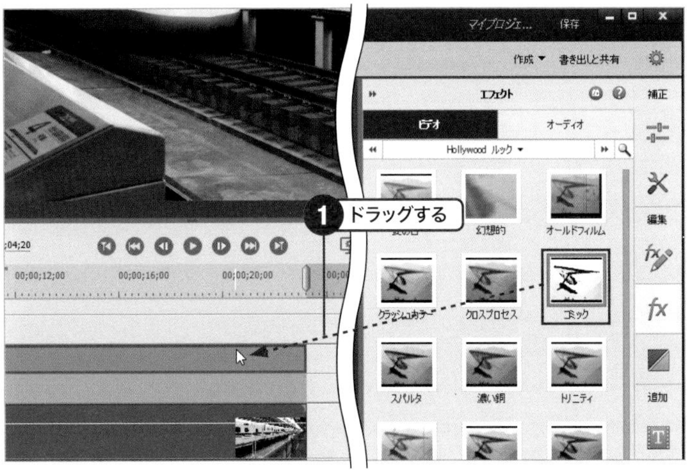

3 エフェクトを調整する

<適用されたエフェクト>パネルでエフェクトの調整を行います。ここでは、<Presets>の<イラストレーション>を使用しています❶。

3 グラフィックを追加する

1 グラフィックを追加する

ツールバーの＜グラフィック＞をクリックし❶、カテゴリをクリックして❷、＜ビデオマットを表示＞をクリックします❸。

2 マットを追加する

マットのグラフィックをタイムラインの＜ビデオ3＞トラックにドラッグします❶。ここでは、例として＜バー_05＞を使用します。

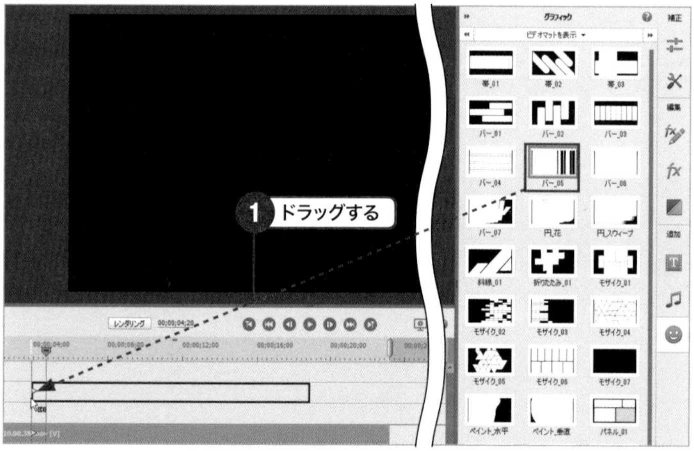

4 エフェクトを追加する2

1 トラックマットキーを追加する

ツールバーの＜エフェクト＞をクリックし❶、＜キーイング＞カテゴリの＜トラックマットキー＞を＜ビデオ2＞トラックの合成用クリップにドラッグします❷。

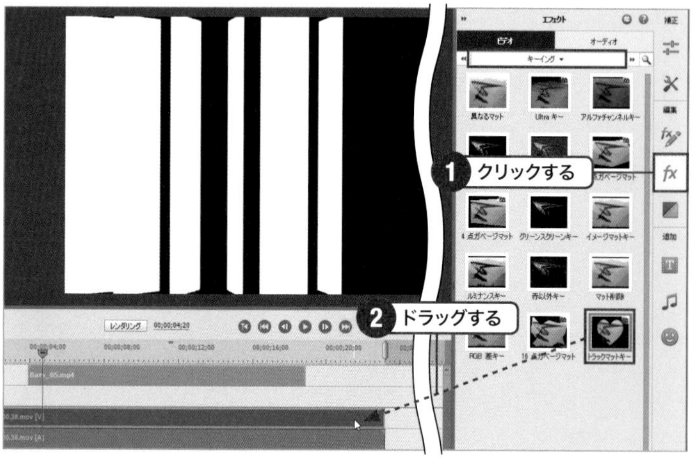

2 エフェクトを設定する

＜適用されたエフェクト＞パネルの＜トラックマットキー＞を開き、＜マット＞を＜ビデオ3＞トラックに設定します❶。＜コンポジット用マット＞を＜ルミナンスマット＞に設定します❷。

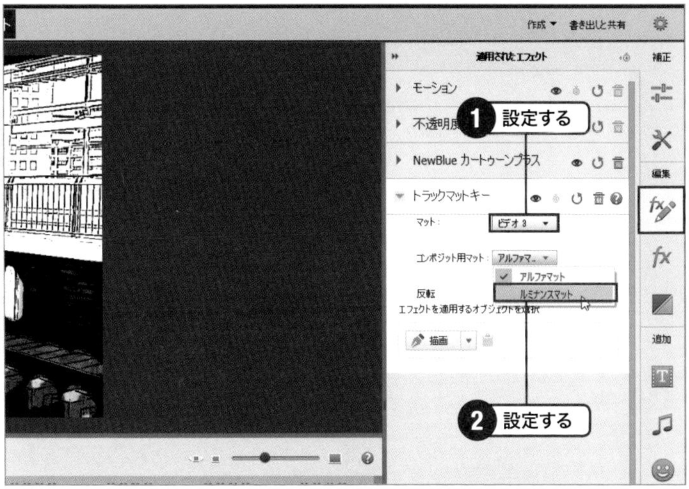

3 再生して確認する

＜レンダリング＞をクリックします❶。レンダリングの完了後、＜再生＞をクリックし❷、プレビューウィンドウで確認します。

Memo

プレビューウィンドウで確認できない場合

レンダリングせずに再生すると、コマ落ちしてうまく表示できない場合があるので、レンダリングしてから確認することをお勧めします。

Stepup

アニメーションマットの使いどころ

タイムラインに配置されたアニメーションマットは、他のクリップと同じように分割したり、長さを変えることが可能です。ここで解説したオーソドックスな使い方以外にも、＜ビデオ2＞トラックに異なるビデオを配置することで時間の経過を表したり、トランジションとして利用したり、ビデオ本編のダイジェスト的な表現を演出することなどができます。いずれの場合も、＜ビデオ1＞トラックと＜ビデオ2＞トラックにある程度の変化をつけると効果的です。
また、グラフィックから＜窓ガラス効果＞を選択すると、シンプルなアニメーションマットを利用することができます。

Section 53

特定の色を透明にして合成する -Ultraキー

覚えておきたいキーワード
- Ultraキー
- キーカラー
- マットの生成

異なる2つのクリップを合成するには、Ultraキーの機能を使います。本機能は上位のトラックに配置した合成用クリップの特定の色を透明化し、下に配置したトラックのクリップを表示します。

1 合成するクリップを配置する

1 背景クリップを配置する

＜プロジェクトのアセット＞パネルから、＜ビデオ1＞トラックに背景となるクリップをドラッグします（❶）。

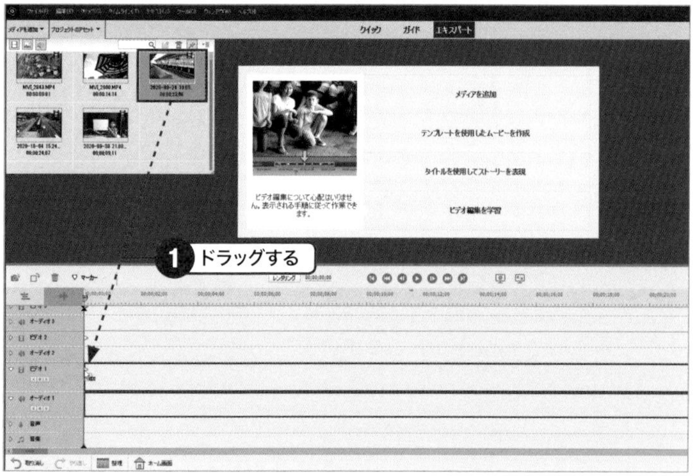

2 合成用クリップを配置する

同様に、合成用のクリップを＜ビデオ2＞トラックにドラッグします（❶）。

② エフェクトを適用する

1 Ultraキーを適用する

ツールバーの＜エフェクト＞をクリックし❶、＜キーイング＞カテゴリの＜Urtraキー＞を＜ビデオ2＞トラックの合成用クリップにドラッグします❷。

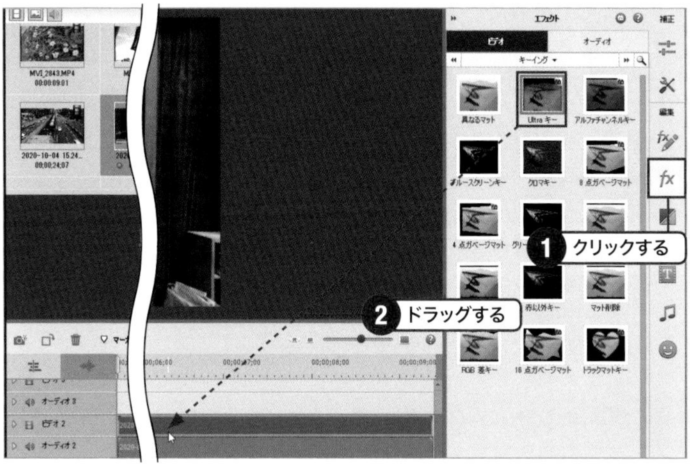

2 Ultraキーを設定する1

＜キーカラー＞の＜スポイト＞アイコンをクリックし❶、透明にしたい箇所の色を＜スポイト＞アイコンでクリックします❷。指定した箇所の色が透明になりました。

Memo 透明になるエリアを広げるには?

＜スポイト＞アイコンで抽出した色の近似色を広げるには、＜許容量＞スライダーを「+」方向にドラッグします。

3 Ultraキーを設定する2

＜マットの生成＞の▼をクリックして展開し❶、＜透明部分＞、＜柔らかく＞、＜ペデスタル＞をはじめとした各種スライダーをドラッグして調整します（❷）。

Stepup どんな場面で活用できるの?

例えば、色画用紙を手に持った合成素材を使えば、画用紙の色を透明にしてその部分だけ映像が見えるようにすることができます。あるいは、CGで作ったタイトルロゴを合成することもできます。

Section 54

写真の一部を切り抜いて合成する

覚えておきたいキーワード
- Adobe Photoshop Elements
- クイック選択ツール
- 境界線を調整

Premiere Elementsでは直接画像を加工する機能はありません。ここでは、Adobe社の画像加工ソフト「Photoshop Elements」を使用して画像を切り抜き、動画に合成する方法を解説します。

1 Photoshop Elementsで画像を開く

1 Photoshop Elementsを起動する

P.18を参考にホーム画面を起動します。<写真の編集>をクリックします❶。

2 画像を開く

<クイック>モードをクリックし（❶）、<開く>をクリックします（❷）。

3 画像を指定する

<開く>画面で対象となる画像をクリックし（❶）、<開く>をクリックします（❷）。

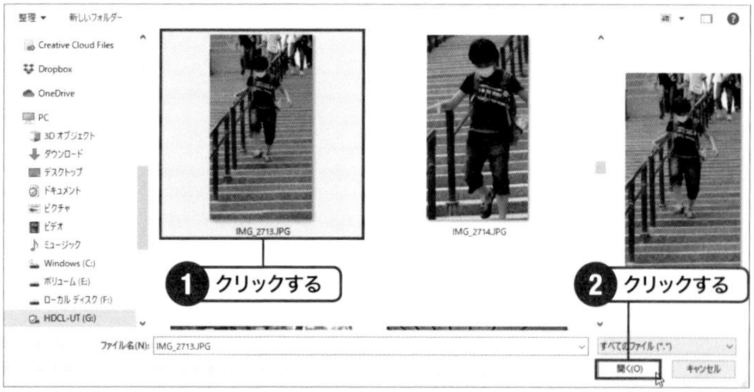

2 画像の色調を補正する

1 明るさを調整する

<調整>パネルの<ライティング>をクリックし(❶)、<シャドウ>のスライダーを左右にドラッグして、画像の中の比較的暗いエリアの明るさを調整します(❷)。<中間調>、<ハイライト>に切り替えて(❸)、同様に明るさを調整します。

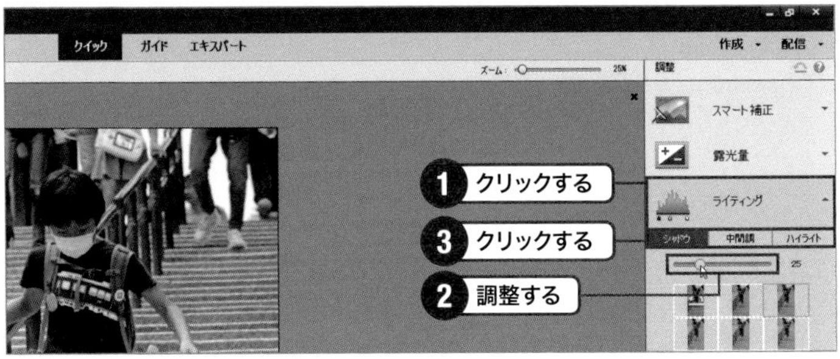

2 カラーバランスを調整する

<調整>パネルの<バランス>をクリックし(❶)、<色合い>をクリックします(❷)。スライダーを左右にドラッグして調整し(❸)、自然な色合いになるように調整します。

Hint

その他の色調補正

素材の画像によっては、<カラー>で彩度や色相を、<バランス>で色温度を調整する必要があります。

3 画像を選択範囲で切り抜く

1 クイック選択ツールで選択する

ツールボックスの<クイック選択ツール>をクリックします(❶)。<サイズ>スライダーをドラッグしてブラシサイズを設定し(❷)、選択対象物をドラッグします(❸)。

Memo

うまく選択できない場合

<クイック選択ツール>は、ドラッグ部分と色の近い部分をまとめて選択するツールです。背景と対象物の色の差があまりないような画像ではうまく選択できない場合があります。その場合は、次に説明する<選択ブラシツール>を使用してください。

2 選択ブラシツールで選択する1

ツールオプションバーの<選択ブラシツール>をクリックします（❶）。<サイズ>スライダーをドラッグしてブラシサイズを設定し（❷）、対象物の輪郭の内側をなぞるようにドラッグします（❸）。

Stepup 効率よく作業するために

画面右上の<ズーム>をドラッグし、画像を拡大して作業します。また、スペースキーを押しながらドラッグすると、表示されている範囲を移動させることができます。

3 選択ブラシツールで選択する 2

ツールオプションバーの<現在の選択範囲から一部削除>をクリックします（❶）。対象物からはみ出た部分をドラッグして余分な選択範囲を消去します（❷）。選択範囲の作成後、<境界線を調整>をクリックします（❸）。

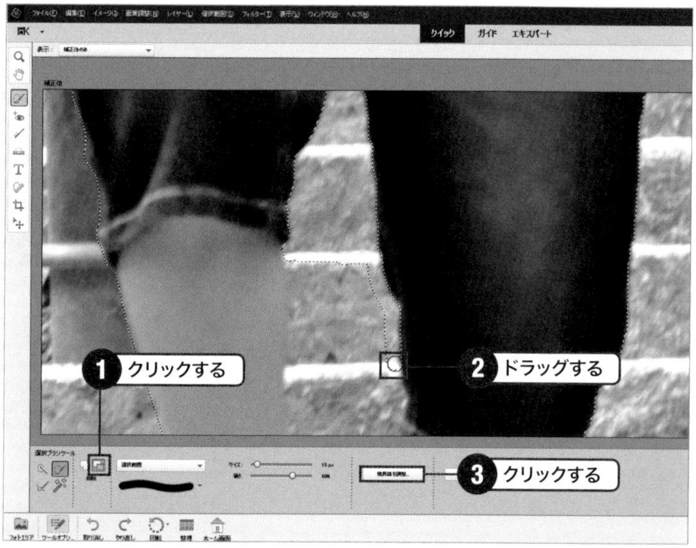

4 境界線を調整する

「出力」の<出力先>から<新規レイヤー>をクリックして選択し（❶）、<OK>をクリックします（❷）。

Memo 背景がチェック模様になった？

Photoshop Elementsでは、透明部分をグレーのチェック柄で表現します。

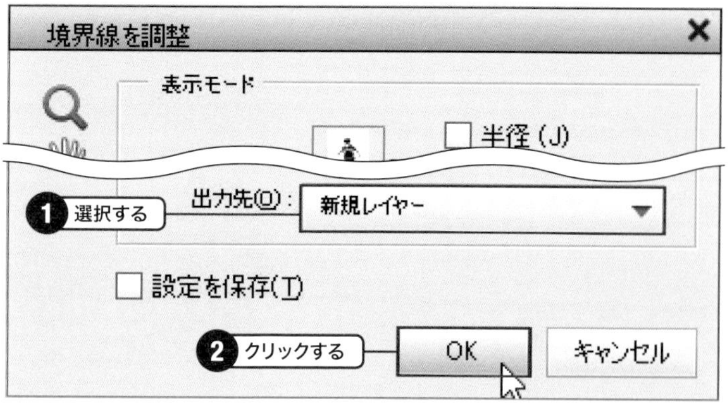

4 画像を動画に合成する

1 画像を別名で保存する

<ファイル>をクリックし（❶）、<別名で保存>をクリックします（❷）。

2 ファイルの種類を指定する

保存先とファイル名を指定します（❶）。ファイルの種類は「Photoshop(*.PSD, *.PDD)」を選択し（❷）、<保存>をクリックします（❸）。

Memo なぜPhotoshop形式で保存するの？

切り抜いた画像をPremiere Elementsで合成するには、透明情報が必要なので、Photoshop形式で保存します。

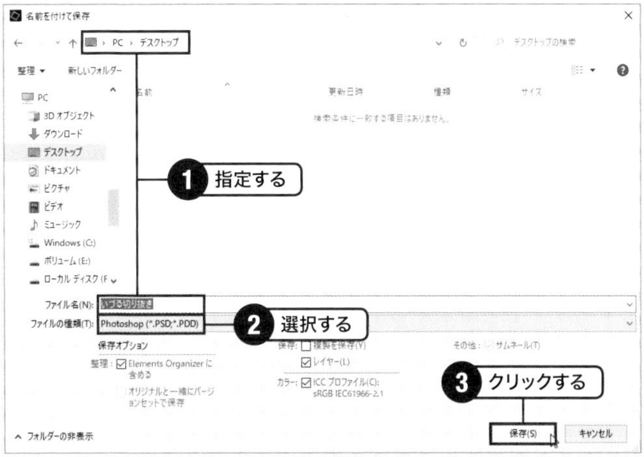

3 動画に合成する

保存した画像をP.34を参考にして読み込み、あらかじめ素材が配置されたクリップの上層のトラックに配置します（❶）。背景が透明なため、下層トラックの映像上に合成することができました。

Section 55

「吹き出し」を対象に合わせて動かす-モーショントラッキング

覚えておきたいキーワード
- モーショントラッキング
- オブジェクトを選択する
- オブジェクトを追跡する

モーショントラッキング機能を使えば、映像の中の特定のポイントを検出し、その動きを追跡し続けることができます。ここでは、この機能を応用して、吹き出しを特定の対象に追跡させる方法を解説します。

1 モーショントラッキングを設定する

1 クリップを選択する

タイムライン上の、追跡する対象が映っているクリップをクリックして選択します（❶）。

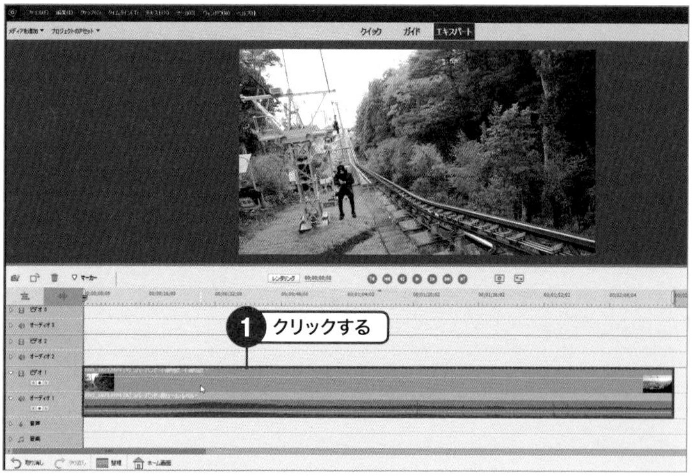

2 モーショントラッキングを適用する

ツールバーの＜ツール＞をクリックし（❶）、＜モーショントラッキング＞をクリックします（❷）。

3 オブジェクトを選択する

<オブジェクトを選択>をクリックします（❶）。

4 オブジェクトを追跡する

フレームをドラッグして、位置やサイズをトラッキング（追跡）したい対象に合わせます(❶)。<オブジェクトを追跡>をクリックすると（❷)、映像の解析がはじまります。

5 トラッキングを確認する

解析が完了したら、プレビューウィンドウの<再生>をクリックし（❶)、動きを確認します。黄色いフレームが対象物に合わせて移動していくのが確認できます（❷)。

② 吹き出しを配置する

1 吹き出しを追加する

ツールバーの<グラフィック>をクリックし（❶）、画面上の対象物をトラッキングしている黄色いフレームに、<吹き出し>カテゴリの中から使用したい吹き出しをドラッグします（❷）。

2 テキストを入力する

<テキストを変更>画面に吹き出し内のテキストを入力し（❶）、<OK>をクリックします（❷）。

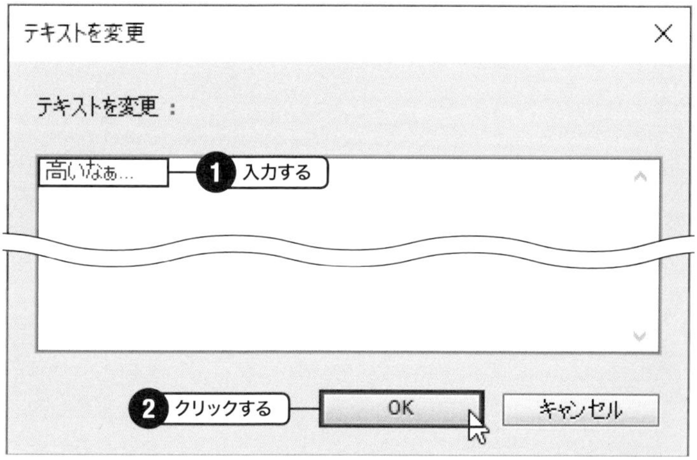

3 吹き出しの位置と大きさを調整する

吹き出しの枠のコーナー部分をドラッグして大きさを、吹き出しの枠の内側・外側をドラッグして吹き出しの位置や角度を調整します（❶）。

Hint 吹き出しの縦横比率を変えたくない場合

吹き出しの拡大／縮小を行う際、Shift を押しながらコーナー部分をドラッグすることで、縦横の比率を保ったまま拡大／縮小することができます。

3 吹き出しの動きを確認する

1 動画を確認する

時間インジケーターをクリップの先頭に移動し（❶）、プレビューウィンドウの＜再生＞をクリックし（❷）、吹き出しがトラッキング対象についていくかを確認します。

2 モーショントラッキングを終了する

＜モーショントラッキング＞画面の＜完了＞をクリックし（❶）、モーショントラッキングを終了します。

Memo

吹き出しのテキストを編集するには？

タイムライン上の吹き出しのクリップをダブルクリックすると、吹き出しのテキストを編集できるようになります。テキストの編集操作は、第6章を参考にしてください。

Hint

トラッキングをやり直したいときは？

モーショントラッキング完了後にトラッキングをやり直す場合は、以下の手順で行います。

1 タイムラインで、グラフィックから配置した素材を右クリックして＜削除＞をクリックします。
2 P.136の方法で＜モーショントラッキング＞画面を表示します。
3 トラッキングのフレームをクリックして青色の状態にし、右クリックして＜選択したオブジェクトを削除＞をクリックします。
4 P.137の方法で再度トラッキングを行います。

Section 56

写真スライドショーを作成する

覚えておきたいキーワード

- スライドショー
- 画像のデュレーション
- 切り替え間隔

ここでは、複数の写真をスライドショー形式で順番に再生するムービーを作成します。なお、<スライドショーを作成>機能では写真以外にも、ビデオクリップを素材として使用することもできます。

1 スライドショーを作成する

1 素材クリップを選択する

P.32を参考に、写真素材を読み込んでおきます。<プロジェクトのアセット>パネルを開き、スライドショーに使用したい素材をCtrl（command）を押しながらクリックして複数選択します（❶）。

2 スライドショーを作成する

選択したサムネイル上で右クリックし（❶）、<スライドショーを作成>をクリックします（❷）。

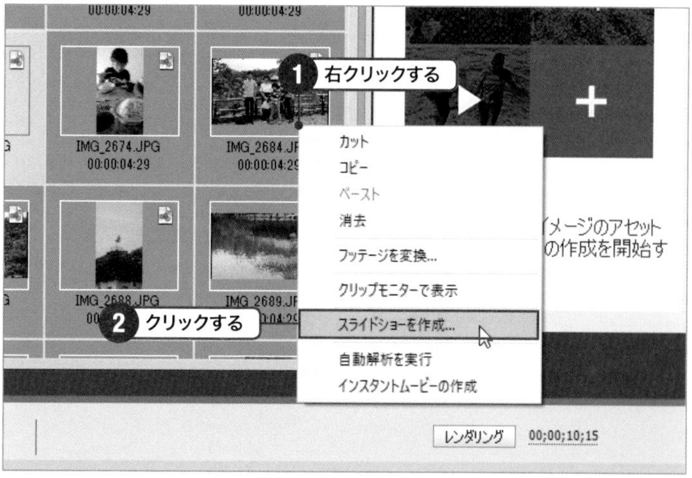

3 写真の順番や表示時間を設定する

「並び」のプルダウンから、＜プロジェクトのアセット＞パネルに並んでいる順番（＜配置順＞）にするか、Ctrl（command）を押して選択した順番（＜選択順＞）かを指定します（❶）。また、「画像のデュレーション」で写真の表示時間を指定します（❷）。なお、1秒は30フレームです。

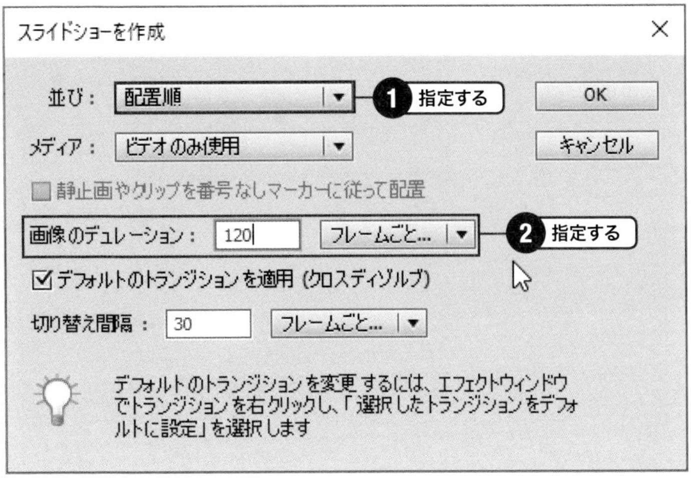

Memo

「メディア」はそのままでOK

「メディア」では、選択した素材のうち、ビデオを使うかオーディオを使うかを指定できます。ここでいう「ビデオ」には写真も含まれるため、そのままの設定でOKです。

4 トランジションを設定する

＜デフォルトのトランジションを適用＞にチェックを入れ（❶）、「切り替え間隔」からトランジションの長さを指定します（❷）。最後に＜OK＞をクリックします（❸）。

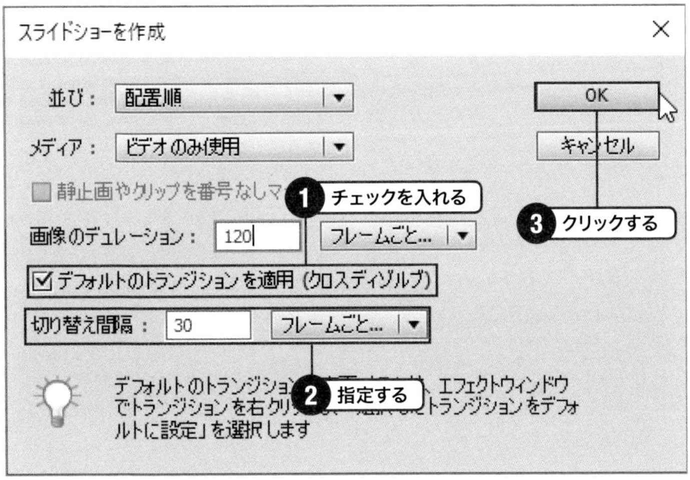

Hint

トランジションを適用したくないときは？

トランジションを適用したくない場合は、＜デフォルトのトランジションを適用＞のチェックを外します。なお、トランジションはあとから変更可能です（P.75参照）。

5 スライドショーを確認する

タイムライン上に、各クリップが指定した順番通りにつながれたスライドショーができていることを確認します（❶）。

Stepup

スライドショーを並べ替えるには？

作成されたスライドショーはグループ化されているので、並べ替えるためにはグループを解除する必要があります。スライドショーのクリップを右クリックし、＜グループ解除＞をクリックします。

Section 57

タイムラプス映像を作成する

覚えておきたいキーワード

- タイムラプス
- フォルダーを読み込み
- 静止画のデフォルトデュレーション

タイムラプスとは、一定間隔で撮影された写真をつなぎ合わせて動画にしたものです。ここでは、デジタルカメラであらかじめ撮影した写真を使って、タイムラプス映像を作成する手順について解説します。

1 環境設定を整える

1 環境設定画面を開く

まず、写真の表示時間が1フレームで読み込まれるように設定します。<編集>（Macでは<Adobe Premiere Elements 2021 Editor>）→<環境設定>→<一般>の順にクリックします（❶）。

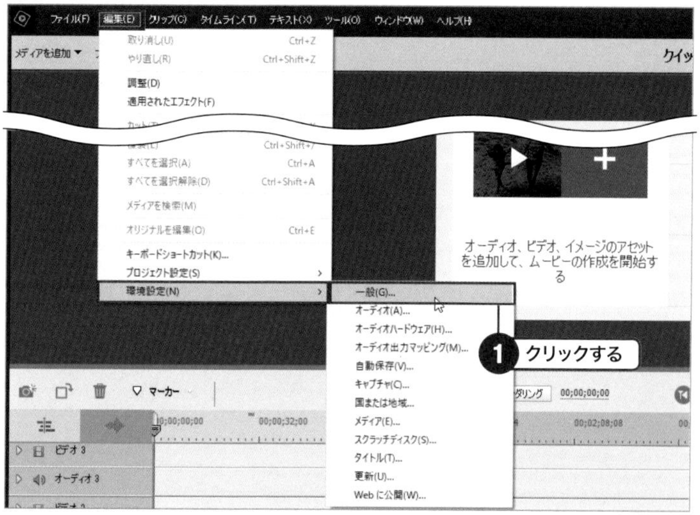

> **Memo**
> **なぜ環境設定を変えるの？**
> 静止画のデュレーションが長いと、その間、映像は止まった状態で表示されてしまいます。ここでは1フレームという最小の時間に設定することで、滑らかな時間経過を表現します。

2 静止画のデフォルトデュレーションを設定する

<静止画のデフォルトデュレーション>の数値を「1」（フレーム）に設定し（❶）、<OK>をクリックします（❷）。

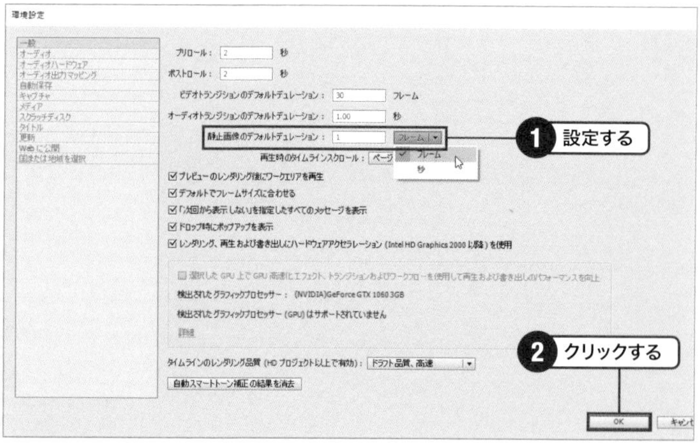

> **Hint**
> **変更に関する注意点**
> 写真は、<プロジェクトのアセット>パネルに追加された時点でデフォルトデュレーションが適用されます。すでに写真を読み込んでいた場合は、改めて追加し直す必要があります。

2 写真をタイムラプス映像にする

1 素材の入ったフォルダーを読み込む

<メディアを追加>から<ファイルとフォルダー>をクリックします。一定間隔で撮影された写真ファイルが収納されているフォルダーをクリックし（❶）、<フォルダーを読み込み>をクリックします（❷）。

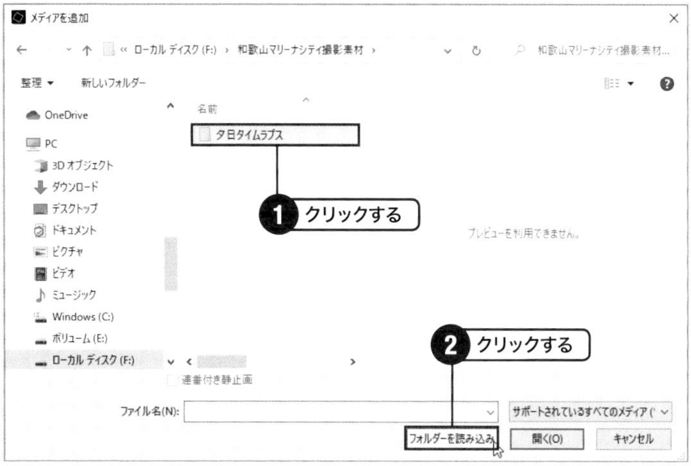

Hint タイムラプス素材を用意するには?

デジタルカメラでタイムラプス素材を用意するには、「インターバル撮影」、「インターバルタイマー撮影」という名称の機能を利用します。機能の有無は、カメラの取扱説明書で確認できます。

2 タイムラインに配置する

<プロジェクトのアセット>パネルから、手順 1 で読み込んだフォルダーをタイムライン上にドラッグします（❶）。すると、フォルダー内のすべての写真が1フレーム単位で配置されます。

Hint 写真は何枚必要?

一般的には、1秒間の映像を作るために30枚の写真が必要です。

Stepup 映像からタイムラプス風映像を作成する

タイムラプスは、デジタルカメラで一定間隔で撮影された写真を使って作成しますが、<タイムリマップ>や<タイムストレッチ>の機能を使えば、映像素材をタイムラプス風に加工することができます。タイムリマップおよびタイムストレッチの詳細については、P.106 ～ 109 を参考にしてください。

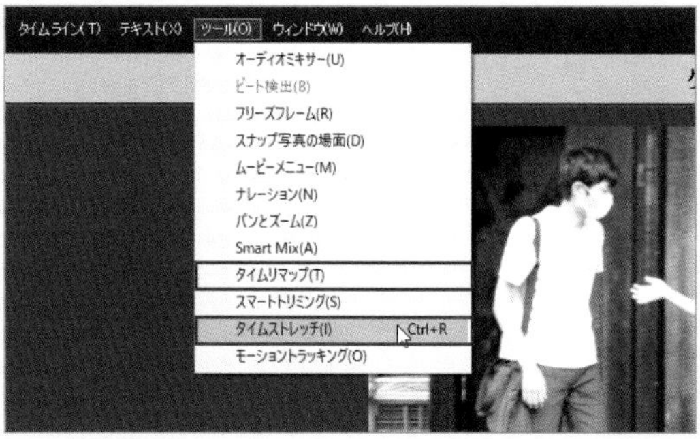

Section 58

コマ撮り風の映像を作成する

覚えておきたいキーワード
- コマ撮り
- シーケンスとして書き出し
- フレームレート

被写体の動きやカメラ位置を少しずつ変えながら、1枚ずつ撮影した写真をつなげて映像にする手法をコマ撮りといいます。ここではビデオカメラで撮影した映像を元に、コマ撮り風の映像を作成する方法を解説します。

1 映像から写真素材を作成する

1 素材クリップを読み込む

コマ撮り風にしたいビデオクリップをタイムラインに配置します。＜書き出しと共有＞をクリックし（❶）、＜画像＞タブをクリックします(❷)。＜カスタム＞タブをクリックし（❸）、＜詳細設定＞をクリックします（❹）。

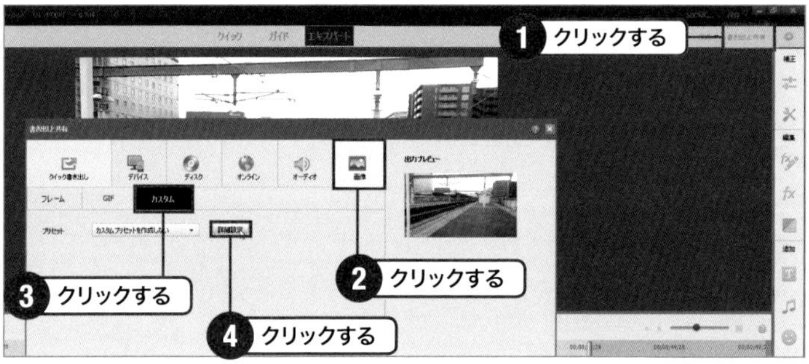

2 書き出し設定を行う

以下のように書き出し設定を行い（❶）、＜OK＞をクリックします(❷)。プリセットの登録画面が表示されたら、名前を入力して＜OK＞をクリックします。

●書き出し設定

形式	JPEG

●基本設定

幅、高さ	任意のサイズ
シーケンスとして書き出し	チェック
フレームレート	5

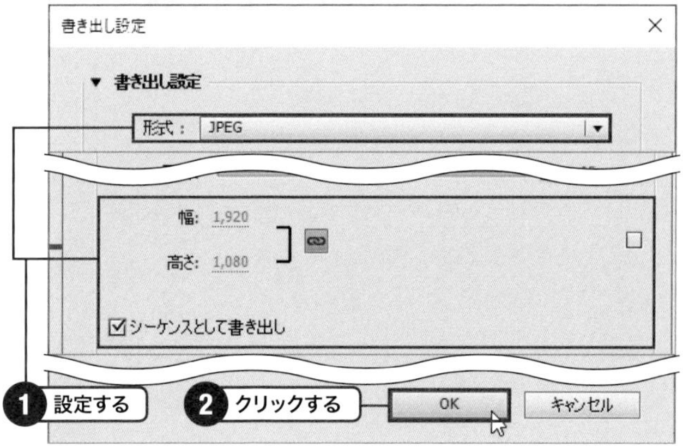

Hint

フレームレートとは?

フレームレートは、1秒間に何コマの画像を表示するかを示す数字です。通常、ビデオでは1秒間に30コマの画像が表示されます。今回のようにフレームレートが「5」であれば、30コマのうち、5コマを抜き出して書き出しするという意味になります。

3 ファイル名を指定する

書き出す画像のファイル名を入力し(❶)、＜参照＞をクリックします（❷)。

4 保存先を指定する

保存先となる場所を指定後、＜新しいフォルダー＞（Macの場合は＜新規フォルダ＞）をクリックし（❶)、フォルダー名を変更します。＜フォルダーの選択＞（Macの場合は＜選択＞）をクリックします（❷)。

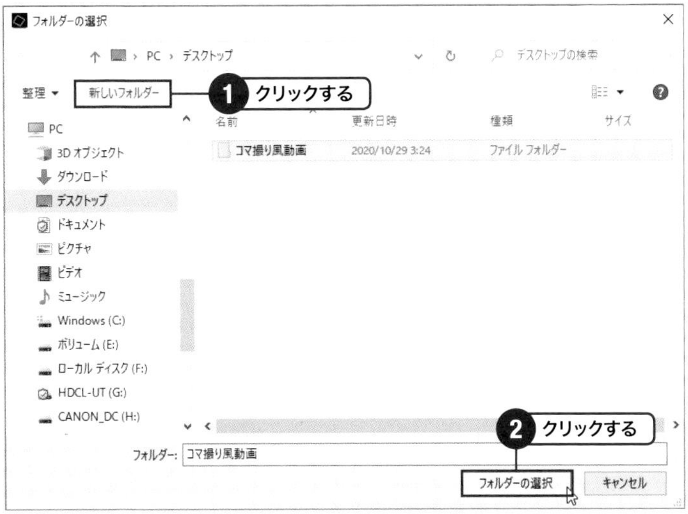

Memo

なぜフォルダーを作るの?

ここでは連番付きの画像がたくさん書き出されます。そのため新規のフォルダーを作成し、その中にまとめて保存します。

5 書き出しを完了する

＜保存＞をクリックすると（❶)、レンダリングが始まります。レンダリングが終了したら、＜完了＞をクリックします。

Stepup

書き出した画像を確認するには?

レンダリング完了後、＜フォルダーを開く＞をクリックすると、画像を書き出したフォルダーが開きます。

2 写真素材をタイムラインに配置する

1 デフォルトデュレーションを変更する

P.142手順2の画面を表示し、<静止画のデフォルトデュレーション>の数値を「6」（フレーム）に設定します（❶）。<OK>をクリックします（❷）。

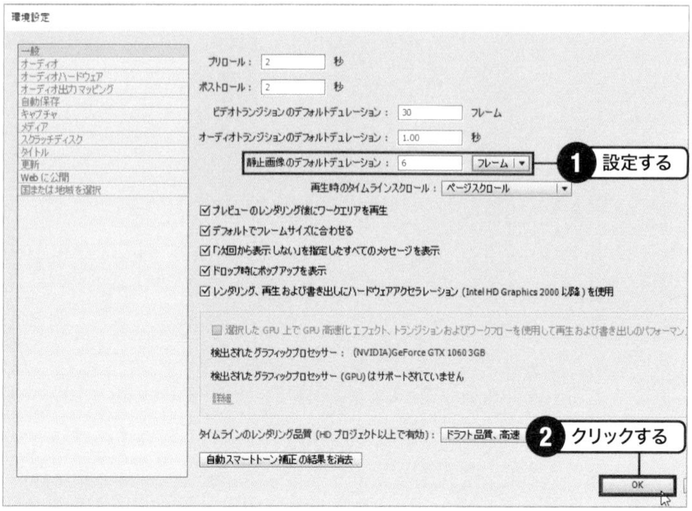

Memo デュレーションの計算方法

P.144では1秒間（30フレーム）につき、5枚の写真を書き出しました。この写真を使って元の映像と同じスピードの映像を作るには、「30フレーム÷5枚」と計算することで、各写真を「6フレーム」で表示すればよいことがわかります。

2 作成した写真素材を読み込む

<メディアを追加>から<ファイルとフォルダー>をクリックします。写真素材を保存したフォルダーをクリックし（❶）、<フォルダーを読み込み>をクリックします（❷）。

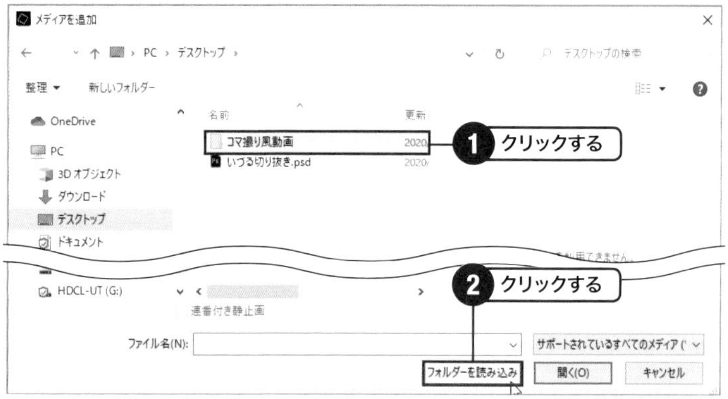

3 タイムラインに配置する

はじめにタイムラインに配置したクリップを削除したあと、<プロジェクトのアセット>パネルから、手順2で読み込んだフォルダーをタイムライン上にドラッグします（❶）。フォルダー内のすべての写真が6フレーム単位で配置されました（❷）。

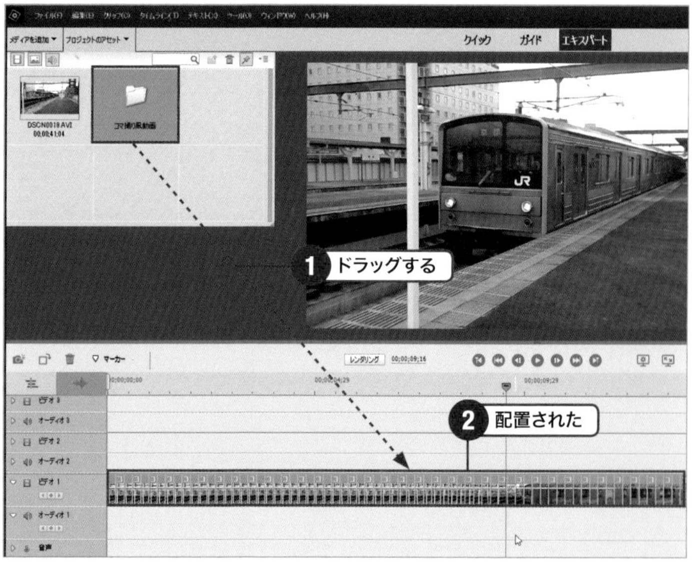

Stepup コマ撮り風映像をカスタマイズするには？

P.144手順2でフレームレートを変更すれば、映像の滑らかさを調整できます。また、P.146手順1で<静止画のデフォルトデュレーション>の値を変更すれば、映像のスピードを調整できます。

第6章

タイトルや字幕の追加

Section 59 テキストを追加する
Section 60 テキストのフォントやサイズを変更する
Section 61 テキストの位置を移動する
Section 62 テキストの色や枠線を調整する
Section 63 テキストにグラデーションや影を設定する
Section 64 テキストにスタイルを適用する
Section 65 テキストにアニメーションを適用する
Section 66 トランジションを利用したアニメーション効果
Section 67 テキストをフェードイン/フェードアウトする
Section 68 テキストの周囲を発光させる -アルファグロー

Section 59

テキストを追加する

覚えておきたいキーワード
- タイトル
- クラシックタイトル
- 一般

タイトルやテロップ（字幕）などを設定することで、映像に対する興味を持たせたり、理解度を深めさせたりするヒントになります。ここでは、標準的なテキストを入力する方法について解説します。

1 テキストを追加する

1 タイトルの一覧を表示する

ツールバーの＜タイトル＞をクリックし（❶）、カテゴリから＜クラシックタイトル＞の＜一般＞カテゴリを選択します（❷）。

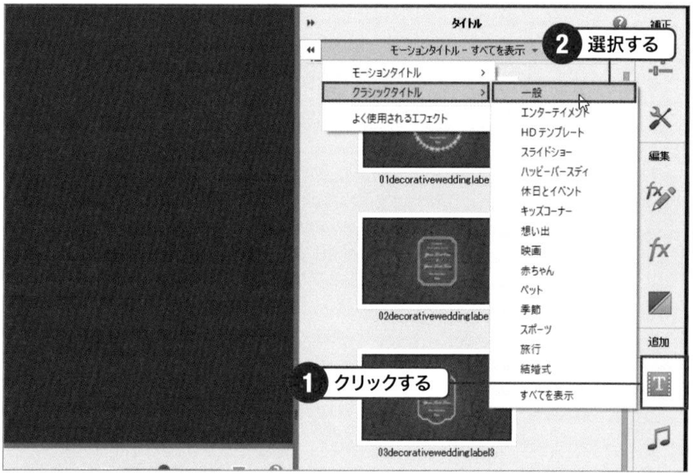

Memo メニューからテキストを追加するには?

＜テキスト＞メニューから、＜新規テキスト＞→＜初期設定のテキスト＞の順にクリックすることでもテキストを追加できます。

2 テキストの種類を指定する

＜初期設定のテキスト＞をタイムラインの配置したい位置にドラッグします（❶）。

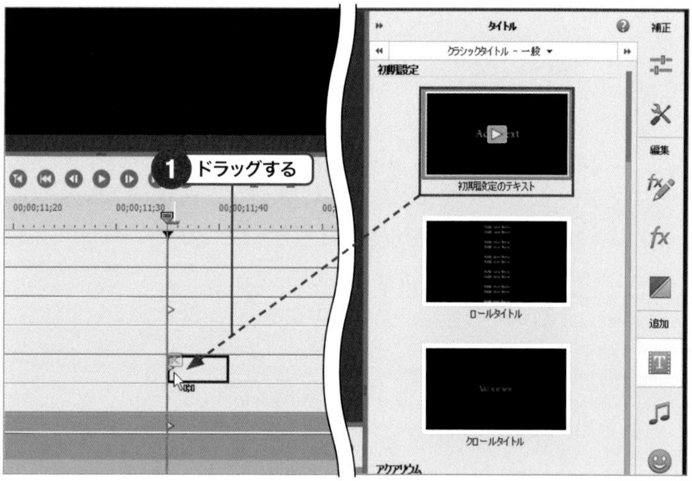

Hint クリップが分割されてしまう場合

タイムラインにドラッグするとき、すでに配置されているクリップの上にドラッグするとクリップが分割されてしまいます。既存クリップの前後か、別のトラックにドラッグするようにしましょう。

2 文字を入力する

1 時間インジケーターを確認する

テキストクリップが配置されている部分に時間インジケーターを移動します(❶)。

2 文字を入力する

プレビューウィンドウのテキストエリアをドラッグして「Add Text」を選択し、新たに表示したい文字列を入力します(❶)。

Hint

テキストが選択できない

テキストがうまく選択できない場合は、タイムラインに配置されたテキストクリップをダブルクリックしたのち、テキストをドラッグして選択します。

Stepup

タイトル作成の応用

タイトル機能単体だけでなく、モーションタイトル機能とフリーズフレーム機能を組み合わせることで、シーンの途中で静止するのに合わせて、モーションタイトルをより印象的に見せることができます。くわしい操作方法は「ガイド」内で学習できます（<ガイド>→<楽しい編集>→<モーションタイトル入りのフリーズフレームを作成>の順にクリック)。ぜひ試してみてください。

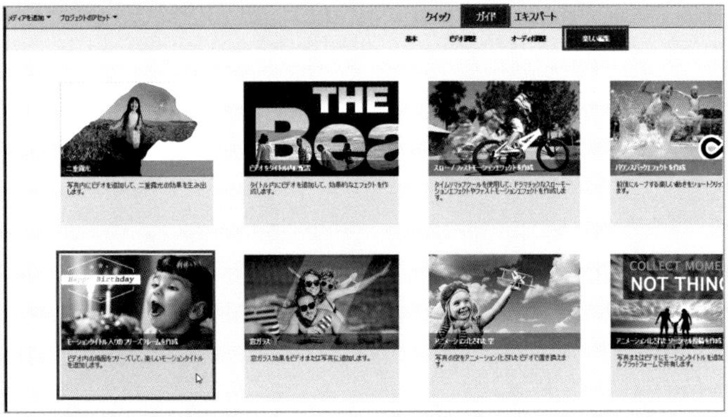

Section

60 テキストのフォントやサイズを変更する

覚えておきたいキーワード
- フォント
- サイズ
- 選択ツール

テキストのサイズやフォント（字体）を状況に応じて使い分けることで、映像の印象はガラリと変化します。適切な文字サイズと文字の分量を心がけましょう。

1 テキストのフォントを変更する

1 ＜調整＞パネルを開く

タイムライン上のテキストクリップをダブルクリックし（❶）、＜調整＞パネルを開きます。すでに＜調整＞パネルが開いている場合は、本手順は不要です。

2 フォントを変更する

対象となるテキストをドラッグして選択後、＜テキスト＞タブの＜フォント＞をクリックし、フォントを選択します（❶）。ここでは、例として＜小塚ゴシック Pr6N＞を指定します（❷）。

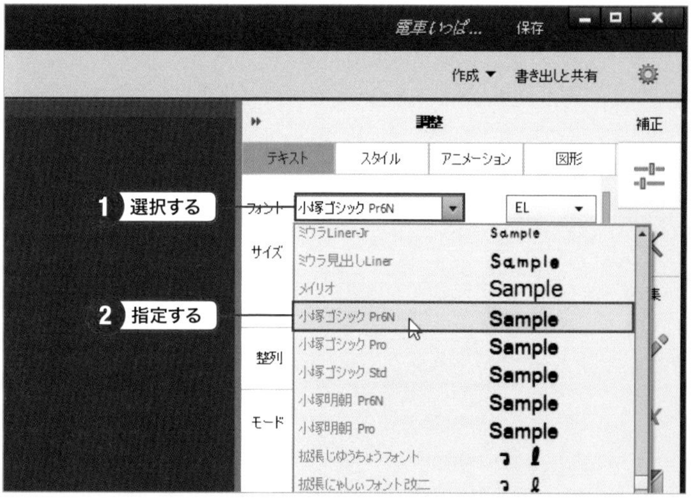

Hint

フォントの右側にあるプルダウンは何？

フォントの右側のプルダウンは、「テキストスタイル」です。1つの書体に対して、太さや角度が違うフォントが含まれている場合に選択できます。

2 テキストのサイズを変更する

1 テキストを選択する

<テキスト>タブの「モード」から<選択>ツールをクリックし（❶）、入力されたテキストをクリックします（❷）。

2 テキストを引き延ばす

テキストを囲むボックスの四隅、または各辺中央のポイントをドラッグし、テキストのサイズを調整します（❶）。

Memo

テキストの比率が変わってしまう場合

Shift を押しながらドラッグすると、元々の縦横比を保ったまま拡大／縮小することができます。

Hint

太字や文字揃えの設定

テキストを選択したあと、各アイコンをクリックすると太字や文字揃えの設定を行えます。

サイズ…ドラッグして文字サイズを指定します。

- （カラーアイコン）…文字の色を設定します。
- B …文字を太字にします。
- I …イタリック体（斜体）にします。
- U …文字に下線を適用します。
- （左揃えアイコン）…テキストを左側で揃えます。
- （中央揃えアイコン）…テキストを中央で揃えます。
- （右揃えアイコン）…テキストを右側で揃えます。

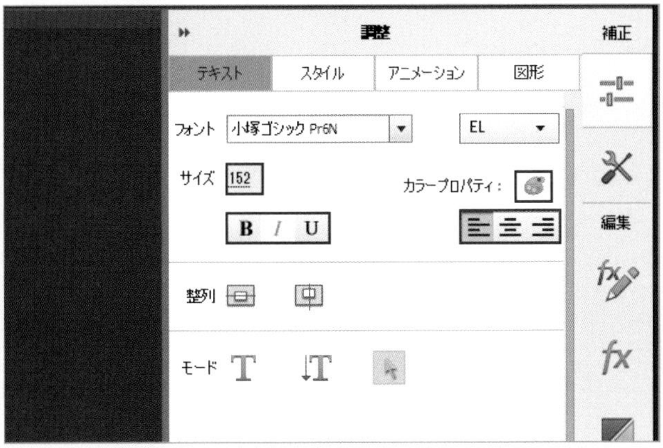

Section
61 テキストの位置を移動する

覚えておきたいキーワード
- 水平方向中央に整列
- 垂直方向中央に整列
- 画面下部

テキストを配置する場合、常に同じ位置にあった方が読みやすいです。整列の機能を使えば、常に画像中央や画面下部などの決まった位置に文字を表示することができるため、安定した印象を与えます。

1 テキストの位置を移動する

1 ＜調整＞パネルを開く

タイムライン上のテキストクリップをダブルクリックします（❶）。すでに＜調整＞パネルが開いている場合は、本手順は不要です。

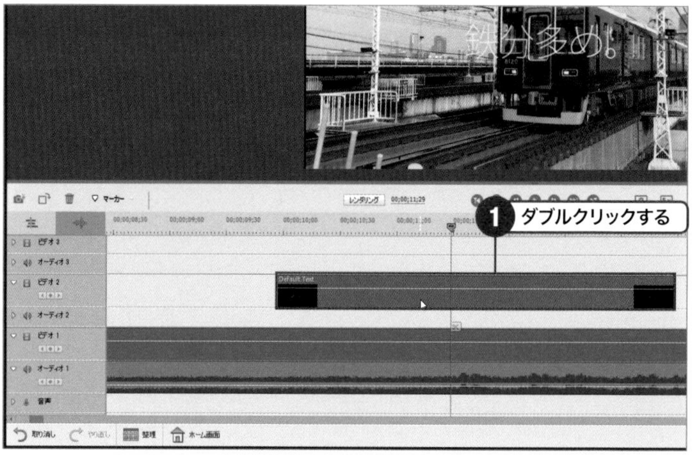

2 テキストを選択する

＜テキスト＞タブの＜選択＞ツールをクリックし（❶）、プレビューウィンドウのテキストをクリックします（❷）。

3 テキストを移動する

テキストを囲むボックスが表示されるので、ボックスの内側をドラッグし（❶）、目的の位置に移動させます。

2 テキストを画面中央に配置する

1 水平方向の中央に配置する

＜テキスト＞タブの「整列」の＜水平方向中央に整列＞をクリックすると（❶）、左右中央に配置されます。

2 垂直方向の中央に配置する

＜テキスト＞タブの＜整列＞の＜垂直方向中央に整列＞をクリックすると（❶）、上下中央に配置されます。

Hint

テロップ風に画面下部に配置するには？

プレビューウィンドウのテキストを右クリックし、＜位置＞→＜画面下部＞の順にクリックします。水平方向中央に整列させてから実行することで、常に画面下部の中央にテキストを揃えることができます。

Section 62

テキストの色や枠線を調整する

覚えておきたいキーワード

- ストローク
- グラデーション
- ドロップシャドウ

テキストの色を設定するカラープロパティを使いこなせば、テキストをベタ塗りだけではなく、グラデーションにしたり、枠線（ストローク）を設定することができるようになり、目立つタイトルを作ることができます。

1 テキストの色を変更する

1 スタイルを設定する

P.152を参照してテキストを選択し、＜調整＞パネルの＜スタイル＞タブをクリックします（❶）。枠線（ストローク）が設定されているスタイルをクリックします（❷）。ここでは、例として＜小塚明朝Pr6N R 白80＞を選択します。

Memo

なぜスタイルを選択するの？

Premiere Elementsでは、標準状態では枠線（ストローク）は選択できません。そのため、すでにストロークが設定されたスタイルを修正することで枠線を設定します。

2 カラープロパティを開く

＜テキスト＞タブをクリックし（❶）、＜カラープロパティ＞をクリックします（❷）。

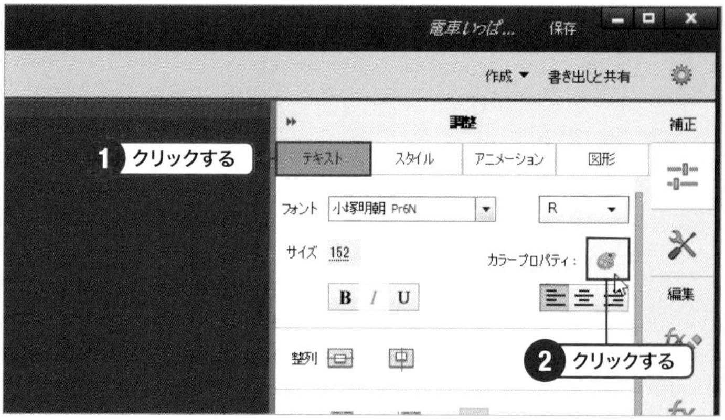

3 テキストの色を設定する

はじめに色の種類をクリックしてから(❶)、カラーフィールドで好みの色をクリックして選択します（❷)。＜OK＞をクリックします（❸)。

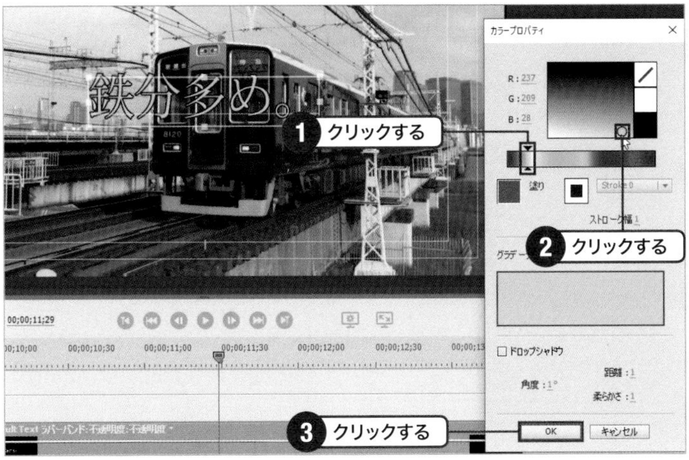

2 テキストの枠線（ストローク）を設定する

1 枠線の色を設定する

P.154手順2を参考にカラープロパティを開きます。＜ストローク＞をクリックし（❶)、同様に枠線の色を設定します（❷)。

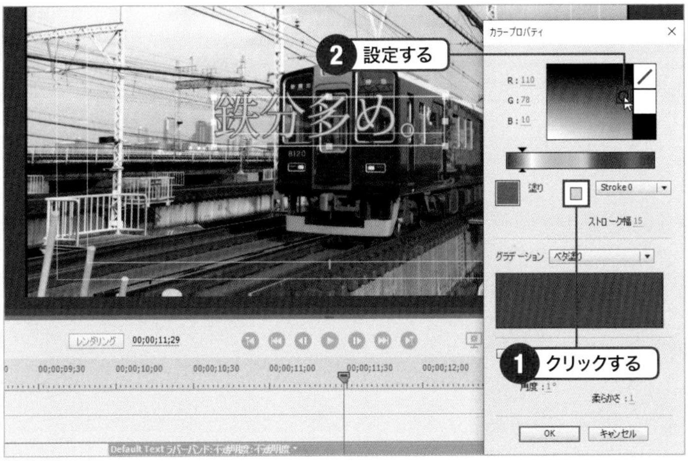

2 枠線の幅を設定する

「ストローク幅」を左右にドラッグし(❶)、枠線の幅を設定します。作業が完了したら＜OK＞をクリックします(❷)。

Section
63 テキストにグラデーションや影を設定する

覚えておきたいキーワード
- グラデーション
- カラーストップ
- ドロップシャドウ

テキストにはグラデーションやドロップシャドウを設定することができます。特に、大きく太い書体を使う場面では、より表現の幅が広がります。

1 グラデーションを設定する

1 グラデーションを設定する

P.154を参考にカラープロパティを開き、グラデーションにする対象（塗りか枠線か）を選択します（❶）。「グラデーション」のプルダウンをクリックし（❷）、グラデーションの種類を選択します（❸）。ここでは<線形グラデーション>を選択します。

2 グラデーションの色を指定する

左側のカラーストップをクリックし（❶）、カラーピッカーで色を設定します（❷）。右側のカラーストップも同様に設定します（❸）。

Hint グラデーションのなめらかさを調整する

カラーストップを左右にドラッグすることで、色の変化のなめらかさやグラデーションの位置を調整できます。

3 グラデーションの角度を調整する

<角度>の数値をドラッグするか（❶）、クリックして数値を入力すると、グラデーションの角度を変更することができます。

> **Memo**
> **左右の色を入れ替えるには?**
> <反転>をクリックすると、グラデーションの位置を入れ替えることができます。

2 ドロップシャドウを設定する

1 ドロップシャドウを適用する

<ドロップシャドウ>にチェックを入れ（❶）、ドロップシャドウを有効にします。

2 ドロップシャドウの効果を調整する

距離、角度、柔らかさをそれぞれ指定し（❶）、<OK>をクリックします（❷）。各設定項目の意味は、以下の通りです。

角度	影の方向を指定します。
距離	影の大きさを指定します。
柔らかさ	影のボケ具合を指定します。

Section 64

テキストにスタイルを適用する

覚えておきたいキーワード
- スタイル
- スタイルを保存
- スタイルを削除

Premiere Elementsでは、テキストの書体やサイズ、色などにスタイルを適用することで、常に同じ表現にすることができます。また、自作のスタイルを登録する方法についても解説します。

1 既存のスタイルを適用する

1 スタイルを適用する

タイムライン上のテキストクリップをダブルクリックし（❶）、＜調整＞パネルの＜スタイル＞タブをクリックします（❷）。目的のスタイルをクリックします（❸）。

2 スタイルが適用された

テキストにスタイルが適用されました（❶）。

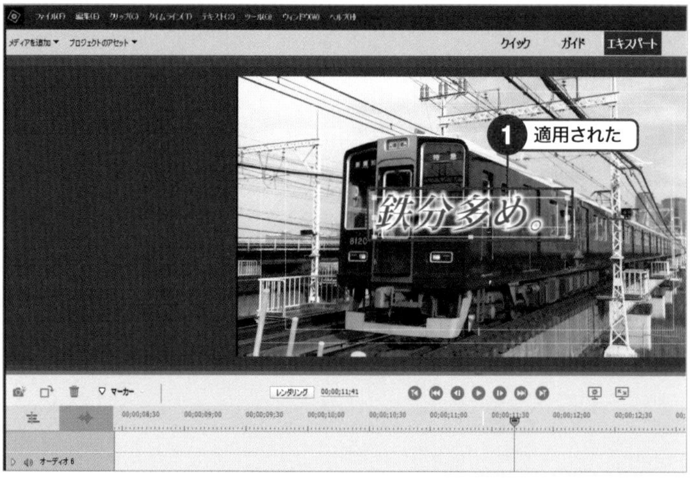

Memo

適用したスタイルをリセットするには？

テキストに適用したスタイルを初期設定の状態に戻すには、スタイル一覧の一番左上にある「小塚ゴPr6N M 68 デフォルト」をクリックします。

2 オリジナルのスタイルを登録する

1 スタイルを登録する

P.150 ～ 151、P.154 ～ 155を参考に、テキストのフォントやカラーを設定し、カラープロパティを閉じます。<スタイル>タブのスタイルのいずれかを右クリックし（❶）、<スタイルを保存>をクリックします（❷）。

2 スタイルの名前を入力する

オリジナルのスタイルの名前を入力し（❶）、<OK>をクリックします（❷）。

3 スタイルが登録された

<スタイル>タブにオリジナルのスタイルが登録されます（❶）。ほかのスタイルと同じように、P.158の方法でスタイルを適用できるようになります。

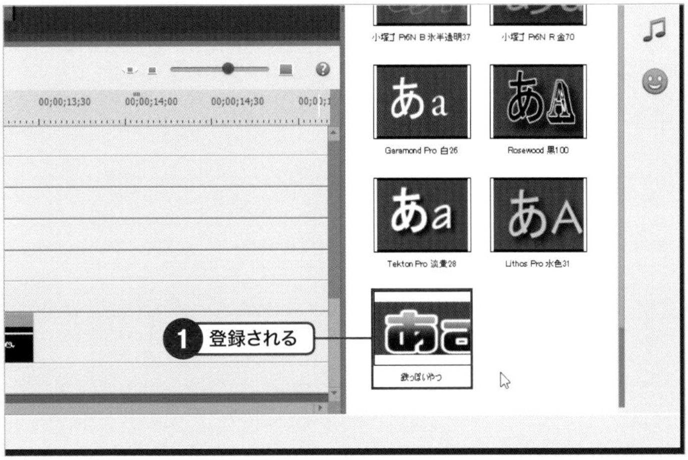

Hint
スタイルを削除するには?

登録したスタイルを右クリックし、<スタイルを削除>をクリックすると、スタイルを削除できます。

Section 65

テキストにアニメーションを適用する

覚えておきたいキーワード

- アニメーションタブ
- 適用
- 削除

Premiere Elementsでは、あらかじめ登録されたアニメーションの中から好みのものを選ぶだけで簡単にテキストに動きを付けることができます。

1 テキストにアニメーションを適用する

1 アニメーションタブを開く

タイムライン上のテキストクリップをダブルクリックし（❶）、＜調整＞パネルの＜アニメーション＞タブをクリックします（❷）。

2 アニメーションの動きを確認する

アニメーションが表示されます。アニメーションにカーソルを合わせて＜再生＞をクリックし（❶）、プレビュー再生して動きを確認します。

3 アニメーションを適用する

目的のアニメーションをクリックし（❶）、＜適用＞をクリックします（❷）。ここでは例として＜フォーカスイン＞を選択します。

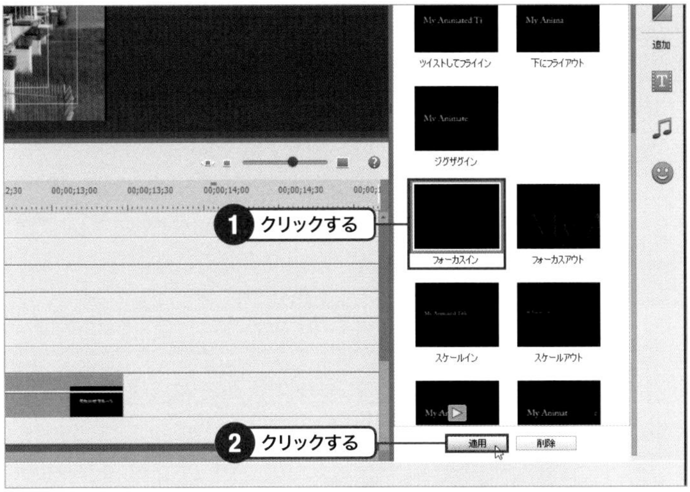

Memo

アニメーションが適用できないときは?

アニメーションは単一行でないと適用できない仕様です。文字サイズを調整して一行に収めるか、1行ずつ入力して個別にアニメーションを適用しましょう。

4 再生して確認する

プレビューウィンドウの＜再生＞をクリックし（❶）、アニメーションを確認します。

Memo

設定したアニメーションを解除するには?

＜調整＞パネルの＜アニメーション＞タブで＜削除＞をクリックすると（❶）、アニメーションが解除されます。

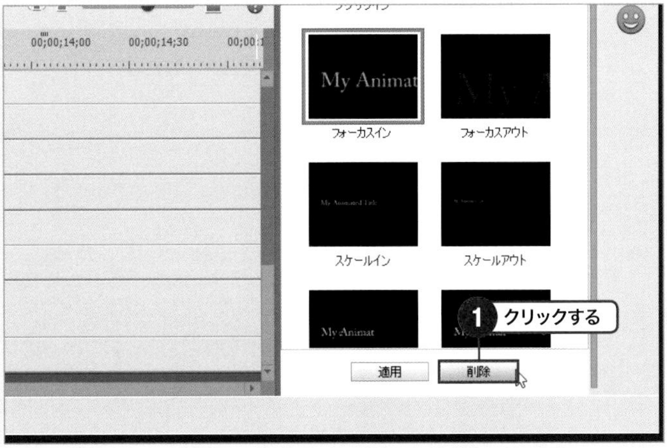

Section 66

トランジションを利用したアニメーション効果

覚えておきたいキーワード
- トランジション
- タイトル
- チェッカーボード

通常、トランジションは、カットのつなぎ目に効果を与えるものですが、各クリップの端部であれば効果を与えることが可能です。ここでは、動きのないタイトルに対してトランジションを利用したアニメーション効果を設定する方法について解説します。

1 クリップを配置する

1 トランジションを表示する

P.148以降を参考にテキストを設定後、ツールバーの＜トランジション＞ボタンをクリックします（❶）。

2 トランジションを選択する

適用したいトランジションのアイコンをクリックし（❶）、タイムライン上のテキストクリップの端部にドラッグします（❷）。ここでは、例として「チェッカーボード」を選択します。

3 トランジションを設定する

＜トランジションの調整＞画面で動きのデュレーション（長さ）を設定し（❶）、＜適用＞ボタンをクリックします（❷）。

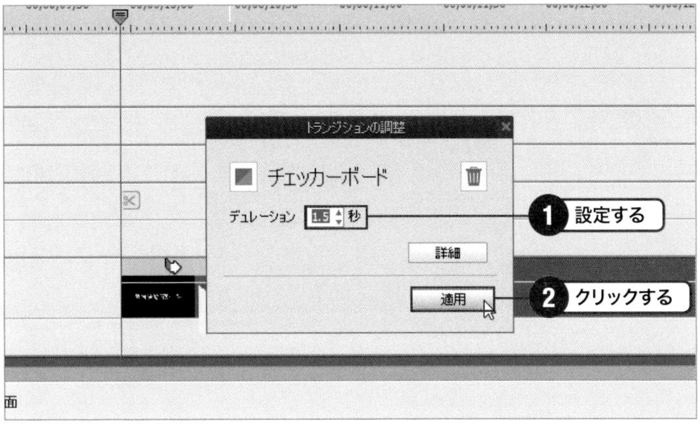

Memo

＜詳細＞について

＜詳細＞の設定については、P.76 ～ 77を参照してください。

4 確認する

＜再生＞ボタンをクリックして、アニメーションを確認します（❶）。

Hint

きれいにアニメーションしない

トランジションは本来、動画クリップの切り替えに設定するものなので、画面の一部にしか表示されないテキストに適用すると、効果が分かりにくかったり、うまく表示されないものがあります。どういったトランジションが効果がみられるか、確認してみましょう。
また、テキストにアニメーションがついている場合にも、組み合わせによってはおかしな表現になってしまうトランジションもあります。うまくいかなかった場合は、P.74を参考にトランジションを削除しましょう。

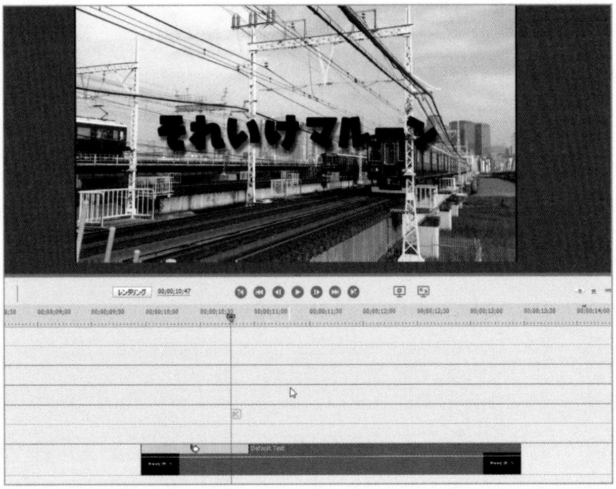

Section 67

テキストをフェードイン／フェードアウトする

覚えておきたいキーワード
- フェードイン
- フェードアウト
- キーフレームコントロール

テキストの表示／非表示をもっとシンプルに表現したいなら、簡単操作で効果を付けることができるフェードイン／フェードアウトがシンプルでお勧めです。。

1 テキストをフェードイン／フェードアウトする

1 テキストを右クリックする

タイムライン上のテキストクリップを右クリックします（❶）。

Memo テキストアニメーションとフェードイン／アウト

テキストアニメーションが適用されたままでもフェードイン／フェードアウトを設定することは可能ですが、アニメーションの種類によっては、効果的でない場合があります。

2 フェードインを適用する

＜フェード＞→＜ビデオをフェードイン＞の順にクリックします（❶）。

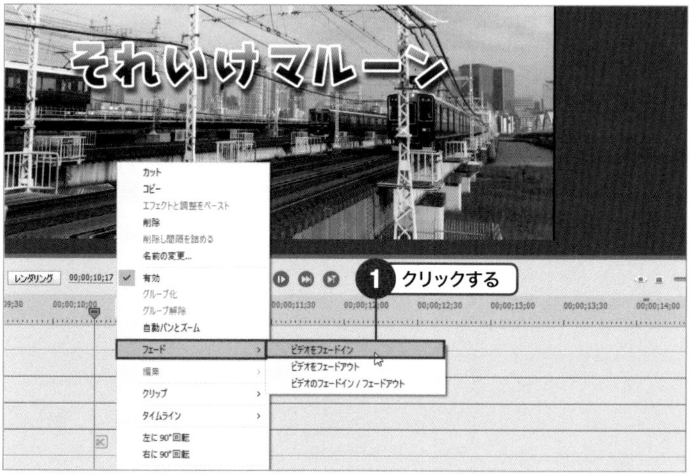

3 アニメーションを確認する

プレビューウィンドウの＜再生＞をクリックすると（❶）、フェードインが適用されたことを確認できます。

Hint タイムライン上で確認するには？

トラック名の先頭にある三角マークをクリックすると、クリップにキーフレームコントロール（黄色い線）が表示されます。フェードインが適用されると、右の画面のようになります。

4 フェードアウトを適用する

同様に右クリックして＜フェード＞→＜ビデオをフェードアウト＞をクリックすると（❶）、フェードアウトが適用されます。

Hint フェードの長さをコントロールするには？

＜適用されたエフェクト＞パネルの＜キーフレームコントロールを表示／非表示＞をクリックし（❶）、不透明度のキーフレーム位置をドラッグすることで（❷）、フェードの長さやタイミングを調整することができます。

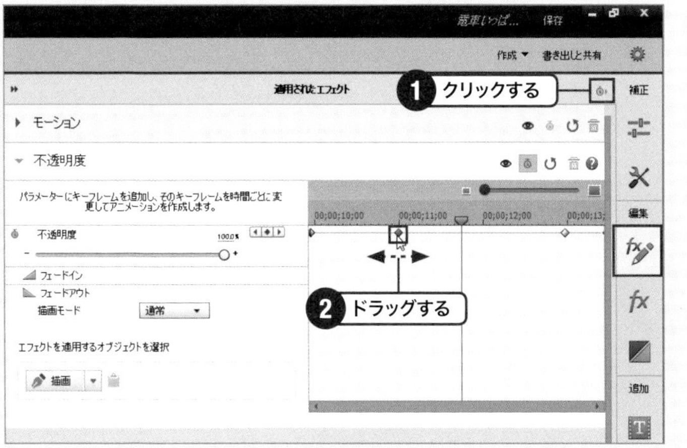

Section
68 テキストの周囲を発光させる -アルファグロー

覚えておきたいキーワード
- アルファグロー
- 明るさ
- 開始色

「アルファグロー」エフェクトは、クリップの周囲にぼんやりと光るようなエッジを付けるエフェクトです。ここでは、テキストクリップに対してエフェクトを適用し、テキストを発光させる方法について解説します。

1 アルファグローエフェクトを適用する

1 アルファグローを適用する

ツールバーの＜エフェクト＞をクリックし（❶）、＜スタイライズ＞カテゴリにある＜アルファグロー＞を、テキストクリップにドラッグします（❷）。

Hint 適用しても効果がないときは？

アルファグローエフェクトはクリップの外側に追加されるため、通常の全画面表示された映像に適用しても効果はありません。

2 開始色を設定する

＜適用されたエフェクト＞パネルの＜アルファグロー＞で、グローの色を設定します。＜開始色＞の四角をクリックし（❶）、カラーピッカーでグローの内側の色を指定して（❷）＜OK＞をクリックします（❸）。

Hint 終了色とは？

終了色を使うと、グローの外側の色を指定することができます。終了色を使用する場合は、＜終了色を使用＞にチェックを入れます。

3 発光する範囲を調整する

＜グロー＞スライダーをドラッグし(❶)、発光する範囲を調整します。数値が大きくなれば、境界から開始色が広がる範囲が大きくなります。

4 明るさを調整する

＜明るさ＞スライダーをドラッグし(❶)、グロー効果の強さを調整します。

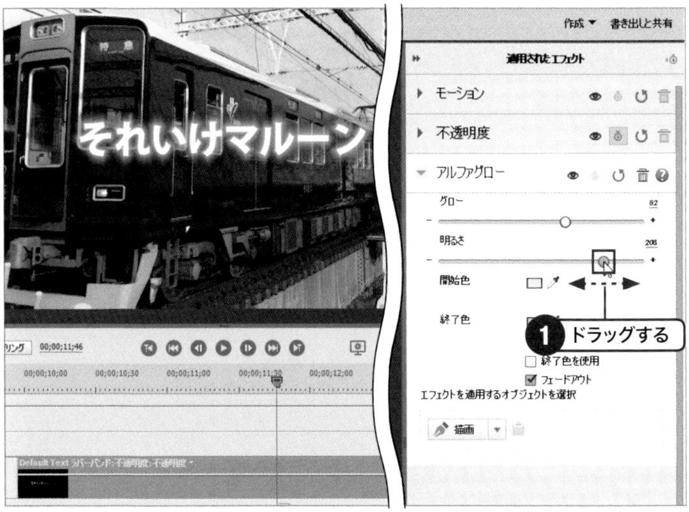

Stepup

アルファグローの使いどころ

アルファグローにはさまざまな用途が考えられます。テキストを発光させるほか、別トラックに配置したグラフィックや、切り抜いた写真クリップなどに適用するのもよいでしょう。

Memo

色々なフォントを使ってみよう

ムービーのタイトルはインパクトが大事です。しかし、初期状態のパソコンではインストールされているフォントの種類が限られており、「かわいい雰囲気のタイトルを作りたい」と思っても、なかなかイメージに合うものが見つからなかったりします。ここでは、無料で使える日本語フォントをいくつかご紹介します。
他にも、Googleなどの検索サイトで「日本語　フォント　フリー」などのキーワードで探すとたくさん見つかります。イメージに合うフォントを使って、ムービーをワンランクアップさせてみましょう。

●手書き風

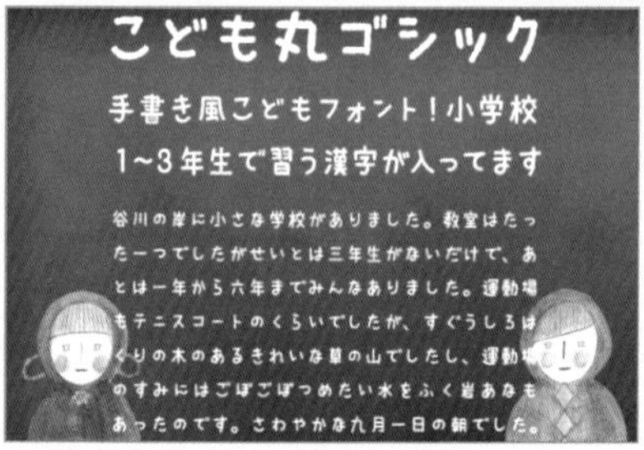
こども丸ゴシック
手書き風こどもフォント！小学校
1～3年生で習う漢字が入ってます
谷川の岸に小さな学校がありました。教室はたっ
た一つでしたがせいとは三年生がないだけで、あ
とは一年から六年までみんなありました。運動場
もテニスコートのくらいでしたが、すぐうしろは
くりの木のあるきれいな草の山でしたし、運動場
のすみにはごぼごぼつめたい水をふく岩もあ
ったのです。さわやかな九月一日の朝でした。

小学校低学年が書いたような可愛らしいフォント。配布元サイト：Typing Art（http://typingart.net/）

オンナノコの手書きフォント
マキ丸ハンド
maki circle hand
マキちゃんが書いたフォントだよ♪
第二水準漢字まであります♪
商用利用もOK!

オンナノコが書いた手書きを元にしたフォント。配布元サイト：FontAC（http://www.ac-font.com/jp/）

●ゴシック系

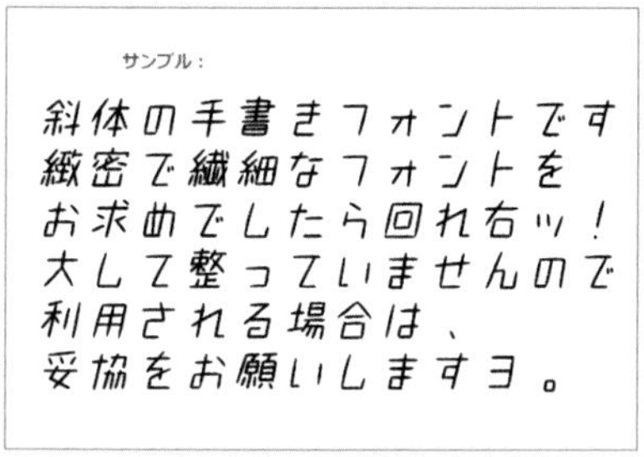
サンプル：
斜体の手書きフォントです
緻密で繊細なフォントを
お求めでしたら回れ右ッ！
大して整っていませんので
利用される場合は、
妥協をお願いしますヨ。

手書きの斜体フォント。配布元サイト：8:51:22 pmの云々（http://pm85122.onamae.jp/）

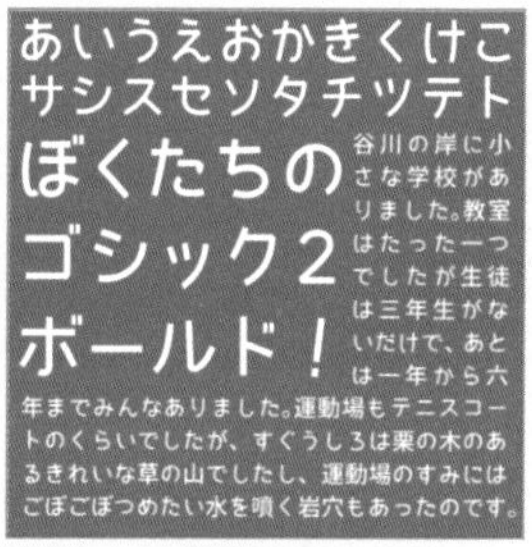
あいうえおかきくけこ
サシスセソタチツテト
ぼくたちの
ゴシック2
ボールド！
谷川の岸に小さな学校がありました。教室はたった一つでしたが生徒は三年生がないだけで、あとは一年から六年までみんなありました。運動場もテニスコートのくらいでしたが、すぐうしろは栗の木のあるきれいな草の山でしたし、運動場のすみにはごぼごぼつめたい水を噴く岩穴もあったのです。

柔らかい印象の太いゴシックフォント。配布元サイト：fontpo（http://fontopo.com/）

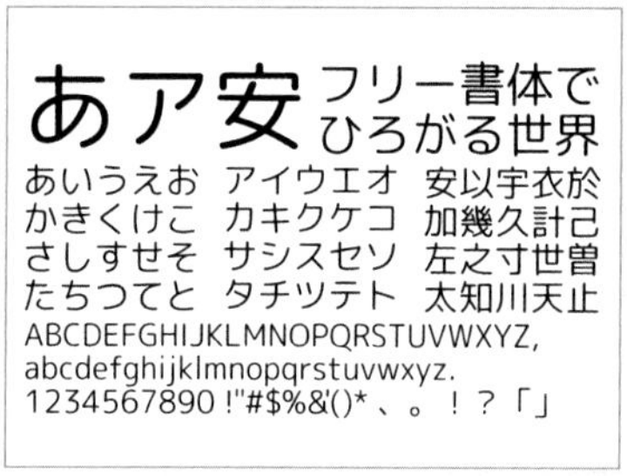
あア安
フリー書体で
ひろがる世界
あいうえお　アイウエオ　安以宇衣於
かきくけこ　カキクケコ　加幾久計己
さしすせそ　サシスセソ　左之寸世曽
たちつてと　タチツテト　太知川天止
ABCDEFGHIJKLMNOPQRSTUVWXYZ,
abcdefghijklmnopqrstuvwxyz.
1234567890 !"#$%&'()*、。！？「」

さまざまな太さが用意された丸ゴシックフォント。配布元サイト：自家製フォント工房（http://jikasei.me/）

●特殊系

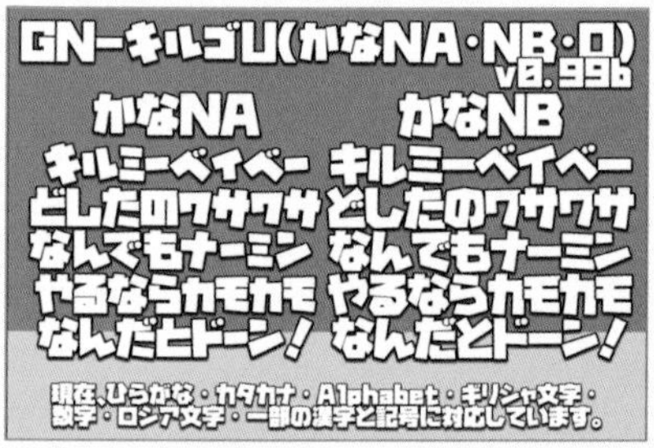
GN-キルゴU(かなNA・NB・O)
v0.99b
かなNA
かなNB
キルミーベイベー　キルミーベイベー
どしたのワサワサ　どしたのワサワサ
なんでもナーミン　なんでもナーミン
やるならカモカモ　やるならカモカモ
なんだとドーン！　なんだとドーン！
現在、ひらがな・カタカナ・Alphabet・ギリシャ文字・数字・ロシア文字・一部の漢字と記号に対応しています。

漫画のタイトル風フォント。配布元サイト：GN's Side（http://getsuren.com/）

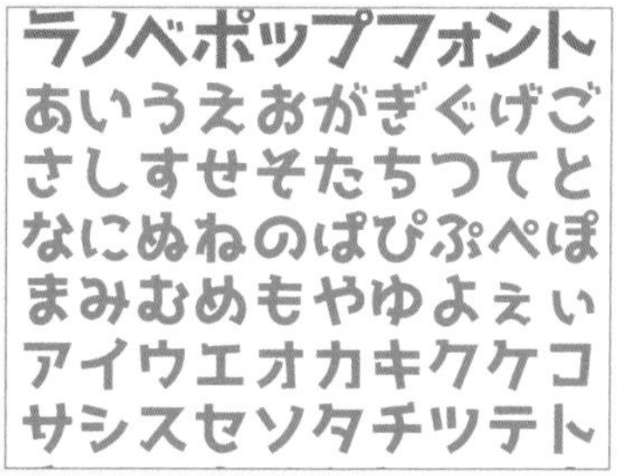
ラノベポップフォント
あいうえおがぎぐげご
さしすせそたちつてと
なにぬねのぱぴぷぺぽ
まみむめもやゆよぇぃ
アイウエオカキクケコ
サシスセソタチツテト

ライトノベルの表紙に使えるようなかわいいフォント。配布元サイト:フォントな（http://www.fontna.com/）

注意：配布されているフォントには、それぞれ使用許諾条件があります。ご使用の際は、各フォント配布サイトに記載されているライセンス条項をご確認の上、お使いください。

第7章

効果音やBGMの追加

Section 69 オーディオ機能について理解する
Section 70 オーディオ（音楽）を追加する
Section 71 映像に合わせた音楽を作成する　- 音楽スコア
Section 72 オーディオを分割する／長さを調整する
Section 73 オーディオの音量を調整する
Section 74 オーディオにエフェクトを適用する
Section 75 オーディオをフェードイン／フェードアウトする
Section 76 ビデオクリップのオーディオを切り離す
Section 77 ナレーションを録音する
Section 78 効果音を追加する

Section 69

オーディオ機能について理解する

覚えておきたいキーワード
- オーディオ表示を表示
- マスターボリュームコントロール
- 音声トラック・音楽トラック

Premiere Elementsでは、音声、BGM、効果音、ナレーションなどのオーディオファイルを扱うことが可能です。映像だけではイマイチのムービーが、オーディオを加えると、一気に表現力が高まります。

1 Premiere Elementsのオーディオ機能とは?

Premiere Elementsのトラックには、ビデオクリップに付随するオーディオトラックの他に、<音声トラック>、<音楽トラック>が用意されています。通常、音声トラックにはナレーションを、音楽トラックにはBGMを配置します。それ以外のトラックは自由に追加することができるので、効果音用のオーディオトラックを別に追加することも可能です。

2 タイムラインの表示を切り替える

1 オーディオ表示を表示する

＜オーディオ表示を表示＞をクリックすると（❶）、オーディオパートが表示されます。
以降、この章では＜オーディオ表示を表示＞をオンにした状態で作業を進めます。

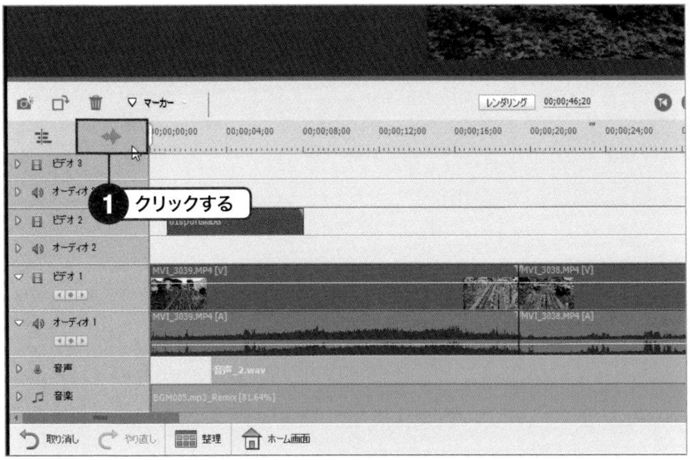

2 オーディオ表示の特徴を知る

すべてのオーディオトラックが展開されました。また、＜マスターボリュームコントロール＞が表示されます。マスターボリュームコントロールでは、各トラックごとではなく、編集しているプロジェクト全体のボリュームを調整できます。

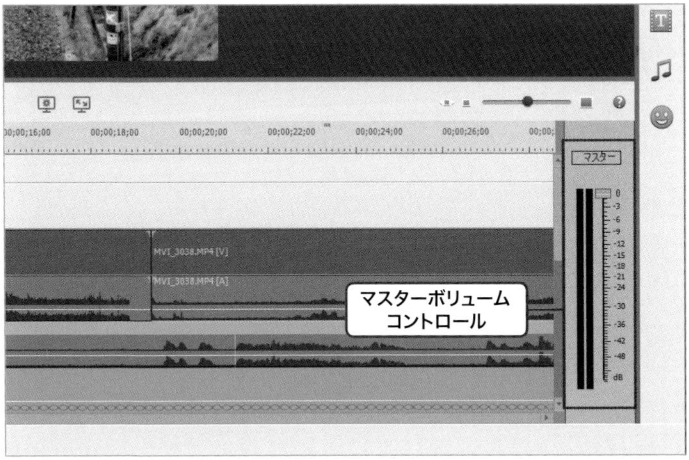

Memo Premiere Elementsで扱えるファイル形式

Premiere Elementsでは、以下のファイル形式のオーディオを扱うことができます。

読み込み	書き出し
アダプティブマルチレート圧縮（AMR）（.amr）	オーディオインターチェンジファイル形式（.aiff）
オーディオインターチェンジファイル形式（.aif、.aiff）	アドバンストオーディオコーディング（AAC）（.aac）
アドバンストオーディオコーディング（AAC）（.aac）	MPEG オーディオ（.mp3）
ドルビーデジタル（.ac3）※ Windows 7 は非対応	QuickTime オーディオ（.mov）
MPEG オーディオ（.mp3）	—
QuickTime オーディオ（.mov）	—
Waveform（.wav）※ Windows のみ	—
Windows Media オーディオ（.wma）※ Windows のみ	—

Section
70
オーディオ（音楽）を追加する

覚えておきたいキーワード
- オーディオクリップ
- 音楽トラック
- サウンドトラックの置き換え

撮影したままの映像には周囲の環境音や話し声などが収録されていますが、映像から音声を削除して、代わりにイメージに合うBGMを設置すれば、まるでミュージックビデオのようなムービーを作ることができます。

1 オーディオクリップを読み込む

1 メディアを追加する

P.34の方法で、オーディオクリップを読み込みます（❶）。

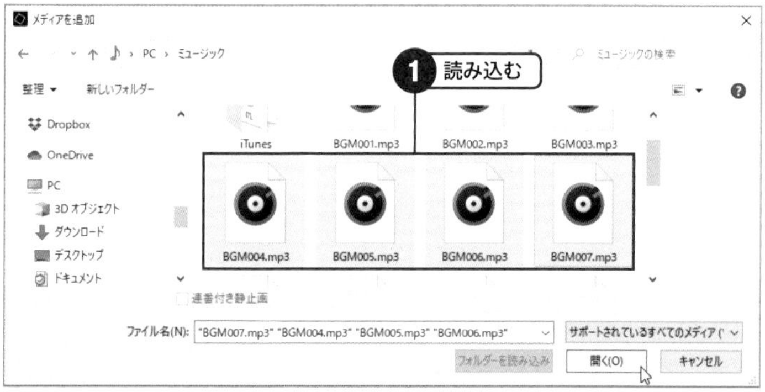

2 オーディオクリップが読み込まれた

＜プロジェクトのアセット＞パネルにオーディオクリップが読み込まれました（❶）。

2 オーディオクリップを配置する

1 挿入位置を決定する

時間インジケーターをオーディオの開始位置にドラッグします（❶）。

Memo

オーディオクリップはどこに配置すればいい？

オーディオクリップを配置するのは、オーディオを扱うトラックであれば基本的にどこでも構いません。ただし、ナレーションは音声トラックに録音されるため、ナレーションを使用する際は、音声トラックは空けておきましょう。

2 タイムラインにドラッグする

＜プロジェクトのアセット＞パネルからタイムラインの音楽トラックにオーディオクリップをドラッグします（❶）。

3 オーディオクリップが配置された

タイムラインの音楽トラックにオーディオクリップが配置されました（❶）。

Section 71

映像に合わせた音楽を作成する　-音楽スコア

覚えておきたいキーワード

- 音楽スコア
- スコアのプロパティ
- メローとインテンス

Premiere Elementsでは、イントロ～ボディ～エンディングの各パートを組み合わせ、映像の長さに応じた音楽を作成する機能があります。各スコアをダウンロードするにはインターネット環境が必要です。

1 音楽スコアから音楽を配置する

1 音楽スコアの一覧を表示する

ツールバーの<音楽>をクリックします(❶)。カテゴリをクリックし(❷)、「音楽スコア」のカテゴリを選択します(❸)。ここでは、例として<ブルース>を選択します。

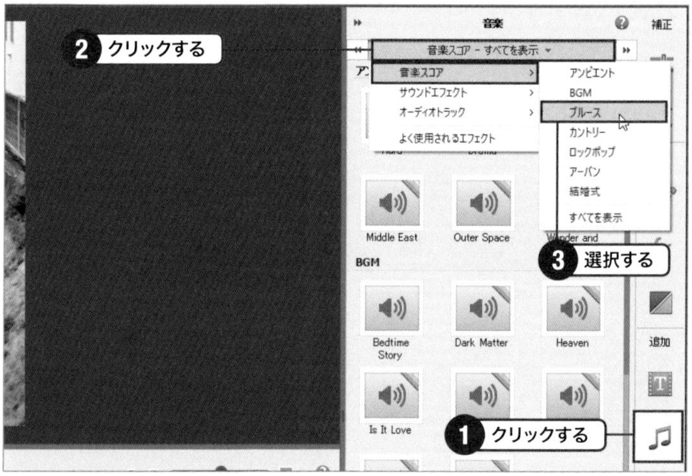

2 音楽スコアを配置する

目的の音楽アイコンをタイムライン上にドラッグして配置します(❶)。

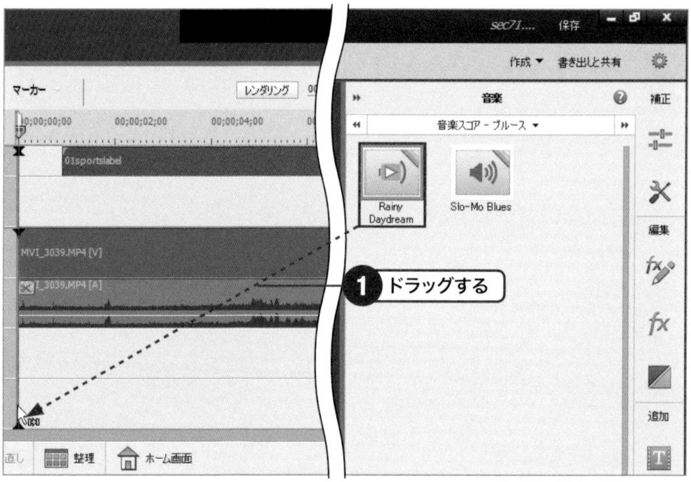

Memo

音楽を確認するには?

音楽アイコンにカーソルを合わせて<再生>をクリックすると、音楽スコアを確認することができます。

3 音楽スコアがダウンロードされる

音楽スコアファイルがダウンロードされます。ダウンロードが完了後、最適化されます。

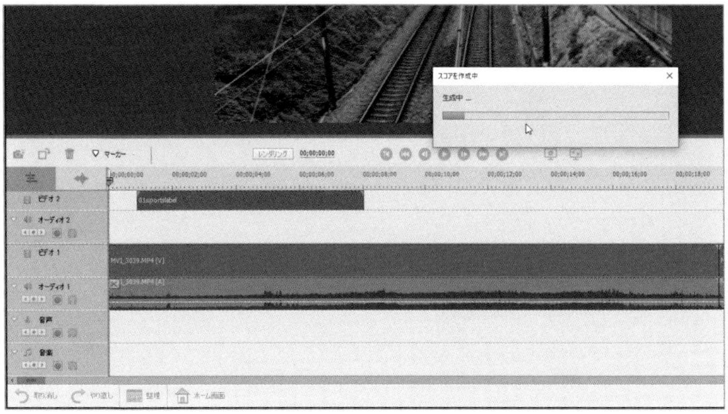

Hint ダウンロードできない場合

音楽スコアはダウンロードコンテンツであるため、使用するにはインターネット環境が必要です。

4 曲のイメージを調整する

<スコアのプロパティ>画面が表示されます。<強さ>スライダーをドラッグし(❶)、曲のイメージを調整します。<プレビュー>をクリックして(❷)、音楽スコアを確認します。最後に<完了>をクリックします(❸)。

Keyword メロー/インテンス

メローとは「叙情的な」、「落ち着いた」曲調のことを指します。それに対し、インテンスとは「熱情的な」「激しい」曲調のことを指します。

5 曲の長さを調整する

タイムラインに配置されたスコアのクリップの端をドラッグし(❶)、映像の幅に合わせます。すると、音楽が自動的に調整されます。

Hint 自動的に長さを合わせるには?

<スコアのプロパティ>画面で<ビデオ全体に合わせる>にチェックを入れることで、自動的に映像に合わせることもできます。なお、オーディオクリップをダブルクリックすると、<スコアのプロパティ>画面を表示できます。

Section 72

オーディオを分割する／長さを調整する

覚えておきたいキーワード
- クリップを分割
- トリムイン
- 開始位置を変更

映像と同様に、オーディオも自由に編集することができます。Premiere Elementsには、通常の音楽ファイルであっても、指定した長さで曲が終わるように自動的にリミックスする機能があります。

1 オーディオを分割する

1 時間インジケーターを移動する

オーディオクリップをクリックして選択し（❶）、時間インジケーターをドラッグして（❷）、分割したい位置に移動します。

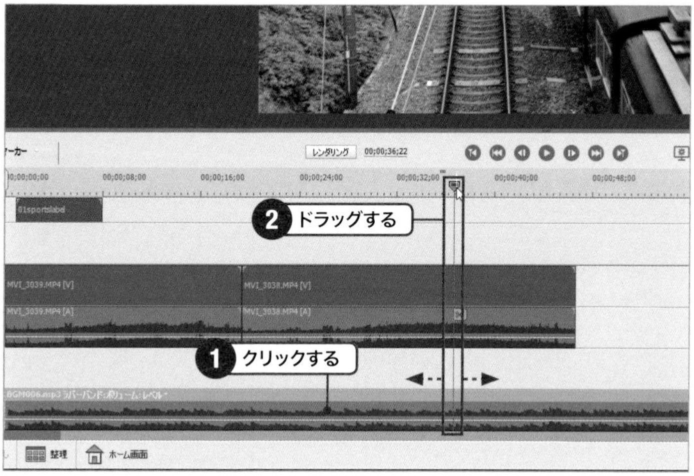

2 オーディオクリップを分割する

＜クリップを分割＞をクリックし（❶）、クリップを分割します。

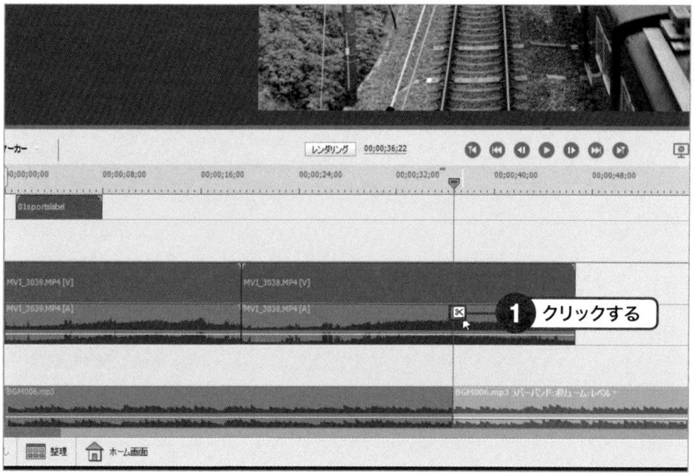

Memo オーディオクリップが分割できない

オーディオクリップを分割するには、あらかじめ、オーディオクリップをクリックして選択する必要があります。間違ってビデオクリップが分割された場合は Ctrl （command）+ Z キーで戻りましょう。

2 映像に合わせてオーディオの長さを調整する

1 クリップの終了位置を調整する

対象となるクリップの終了位置にカーソルを合わせ、カーソルの形状が<トリムアウト>アイコンに変化したら、マウスを目的の位置までドラッグします（❶）。

2 リミックスが実行された

しばらく計算したあと、リミックスが実行され、ドラッグした分だけオーディオの長さが変化しました（❶）。

Memo

オーディオが音楽スコアの場合

音楽スコアの音源を使っている場合は、設置時に最適化が行われます。そのため、オーディオの長さを調整しても、特に計算されることなくリミックスされます。

Hint

リミックスされないようにするには?

オーディオの長さを変更してもリミックスされないようにするには、手順1で［Alt］（［option］）を押しながらドラッグします。初期状態でリミックスされないようにする場合は、<編集>（Macでは<Adobe Premiere Elements 2021Editor>）→<環境設定>→<オーディオ>の順にクリックし、リミックスオプションの「音楽トラックのデフォルト条件」を<トリミング>とします。この設定にした場合、［Alt］（［option］）を押しながらドラッグするとリミックスが一時的に有効になります。

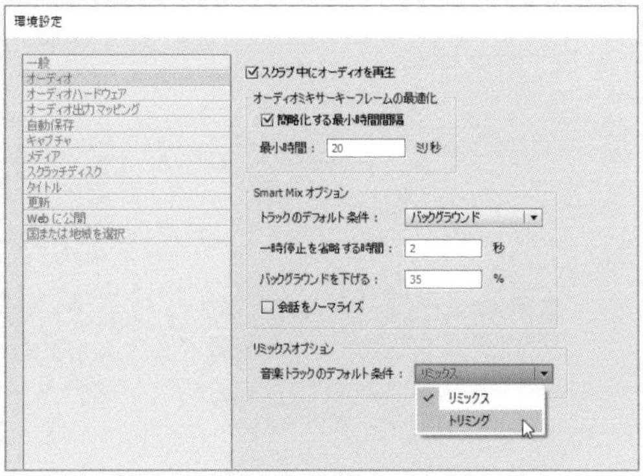

Section 73

オーディオの音量を調整する

覚えておきたいキーワード
- ボリュームのレベル
- オーディオミキサー
- ミュート

撮影した映像は、すべての音声が同じ音量で記録されているとは限りません。クリップごとに音量を調整したり、あるいはプロジェクト全体の音量を調整したりして最適な音量に設定しましょう。

1 クリップのボリュームを調整する

1 ＜調整＞パネルを開く

対象となるクリップを選択します。＜調整＞をクリックして（❶）、＜ボリューム＞をクリックします（❷）。

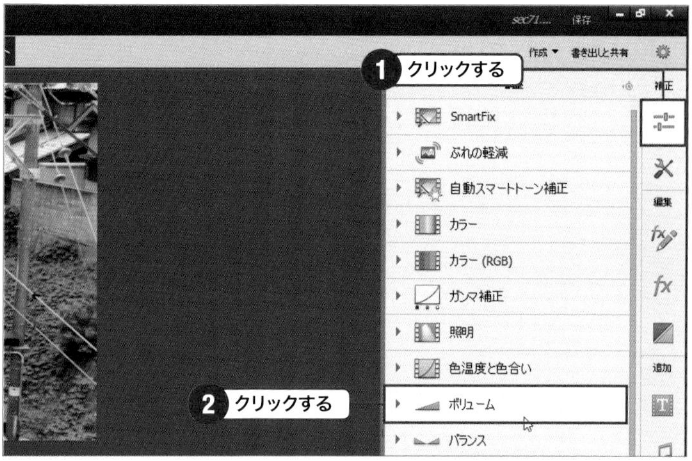

Memo 右図と見え方が違う

オーディオクリップを選択した場合は、映像に関する調整項目は表示されません。

2 ボリュームを調整する

＜レベル＞スライダーをドラッグし（❶）、音量を調整します。

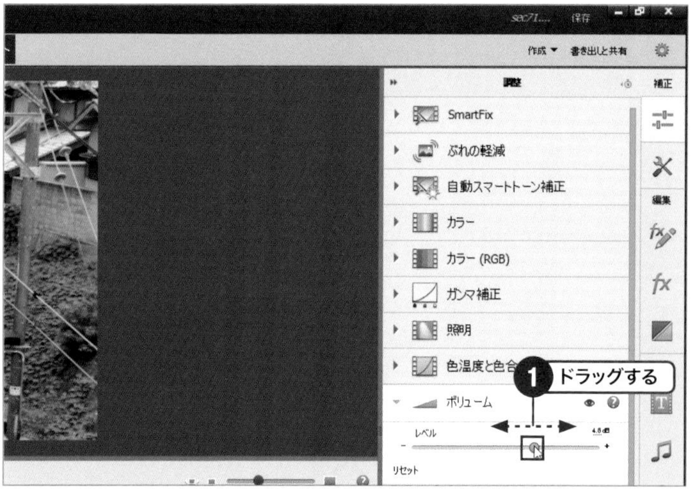

Memo タイムラインで操作するには?

タイムライン上でオーディトラックのボリュームレベル（黄色いライン）を上下することでも、ボリュームを調整できます。

2 オーディオミキサーでボリュームを調整する

1 オーディオミキサーを開く

<ツール>をクリックし（❶）、<オーディオミキサー>をクリックします（❷）。

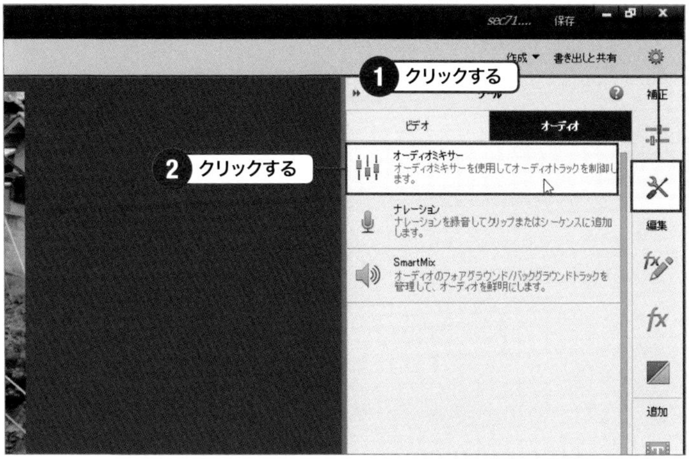

2 オーディオミキサーで調整する

オーディオミキサーに各トラックのミキサーが表示されます。<レベル>スライダーをドラッグし（❶）、各クリップの音量を調整します。コーナーをドラッグしてウィンドウサイズを変更します。

Memo

プロジェクト全体の音量を調整するには?

プロジェクト全体の音量を調整する場合は、マスターボリュームコントロールを使います。詳しくはP.171を参照してください。

Hint

特定トラックの音声を無効にするには?

オーディオクリップを削除するのではなく、一時的に無効にするには、トラック名の隣にある<ミュートトラック>アイコンをクリックします（❶）。

Section 74

オーディオにエフェクトを適用する

覚えておきたいキーワード

- オーディオ表示を表示
- オーディオエフェクト
- バイパス

Premiere Elementsでは、オーディオに対してもエフェクトを適用することができます。オーディオに含まれる微細なノイズを取り除いたり、エコーをかけるといったことが簡単な設定で実現できます。

1 オーディオエフェクトを適用する

1 オーディオを表示する

<オーディオ表示を表示>をクリックし(❶)、オーディオパートを表示します。すでにオーディオ表示がされている場合は、本手順は飛ばしてください。

2 オーディオエフェクトの一覧を表示する

ツールバーの<エフェクト>をクリックし(❶)、<オーディオ>をクリックして(❷)、カテゴリから<オーディオエフェクト>を選択します(❸)。

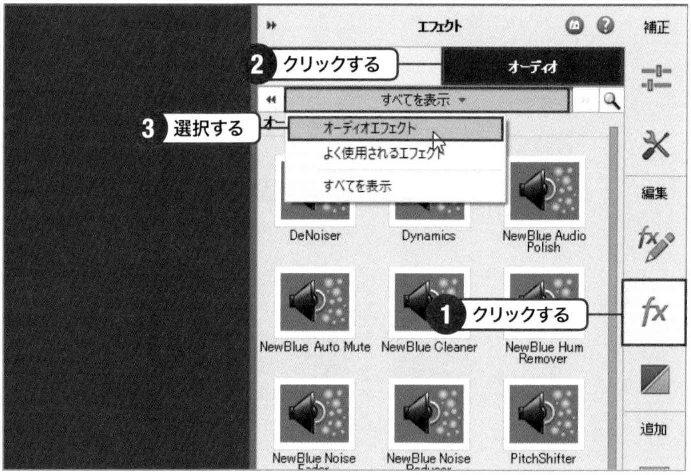

3 オーディオエフェクトを適用する

適用したいエフェクトを対象となるオーディオクリップ（またはムービークリップのオーディオ部分）にドラッグします（❶）。ここでは、例として<ディレイ>を選択します。

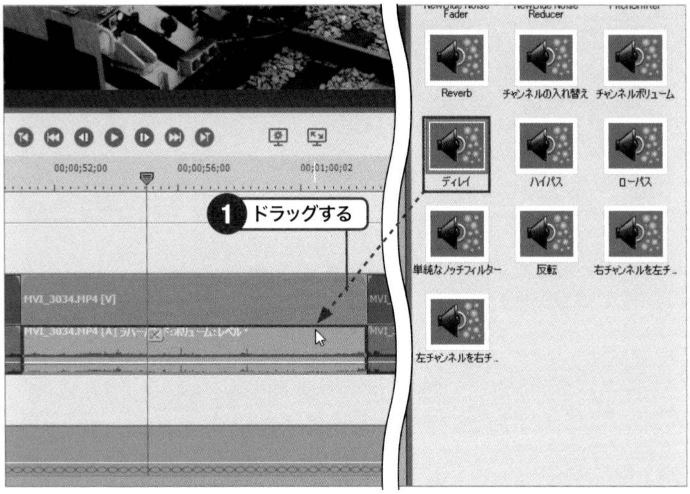

Memo

ディレイって何?

ディレイエフェクトは、やまびこのように音を反響させるエコー効果を与えます。

4 適用されたエフェクトが開く

<適用されたエフェクト>パネルの、エフェクトの設定パネルが開きます（❶）。

5 オーディオエフェクトを設定する

各種パラメーターをドラッグし、エフェクトのかかり具合を調整します（❶）。例えば<ディレイ>の場合は以下のようになります。

バイパス	エフェクトのオン／オフの切り替え
ディレイ	エコー音声が遅れる秒数
フィードバック	エコーの減衰率
ミックス	エコーの量

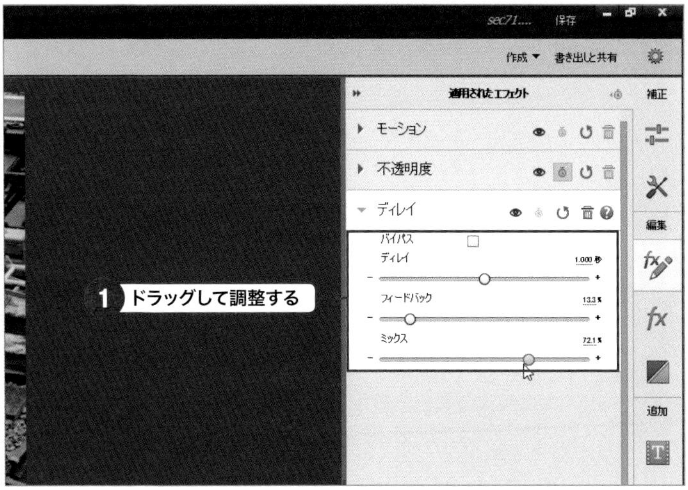

Section 75

オーディオをフェードイン／フェードアウトする

覚えておきたいキーワード
- オーディオのフェードイン
- オーディオのフェードアウト
- オーディオのフェードインおよびフェードアウト

オーディオを徐々に大きくすることで場面を盛り上げる表現をフェードイン、徐々に小さくすることで余韻をもたせたることをフェードアウトといいます。ここでは、それぞれの設定方法や長さの調整方法について解説します。

1 オーディオをフェードイン／フェードアウトする

1 フェードインを適用する

タイムライン上のフェードインしたいクリップを右クリックし（❶）、＜フェード＞→＜オーディオをフェードイン＞の順にクリックします（❷）。

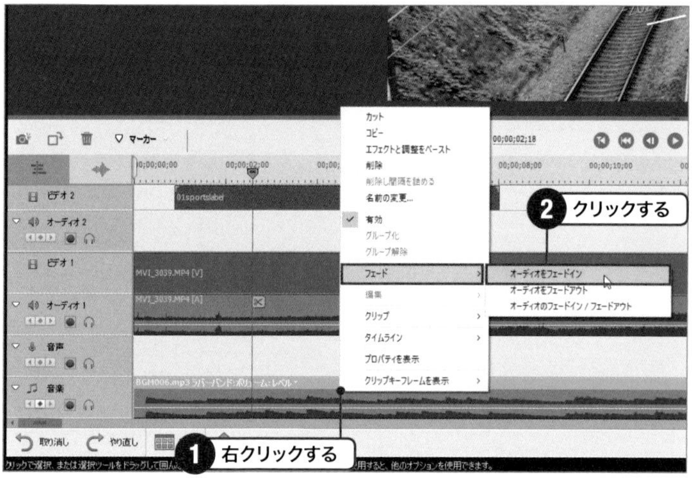

2 フェードインが適用された

タイムラインのキーフレームを見ると、フェードインが適用されたのを確認できます（❶）。

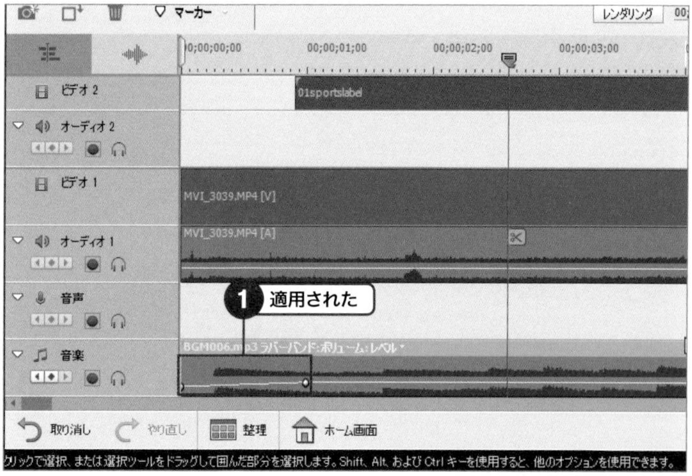

Memo 小さくて確認しづらい場合

タイムライン右上の＜ズームコントロール＞でタイムラインの時間軸を拡大するか、P.57を参考にトラックの表示サイズを大きくすると、認識しやすくなります。

3 フェードアウトを適用する

クリップを右クリックし（❶）、<フェード>→<オーディオをフェードアウト>の順にクリックすると（❷）、フェードアウトが適用されます。

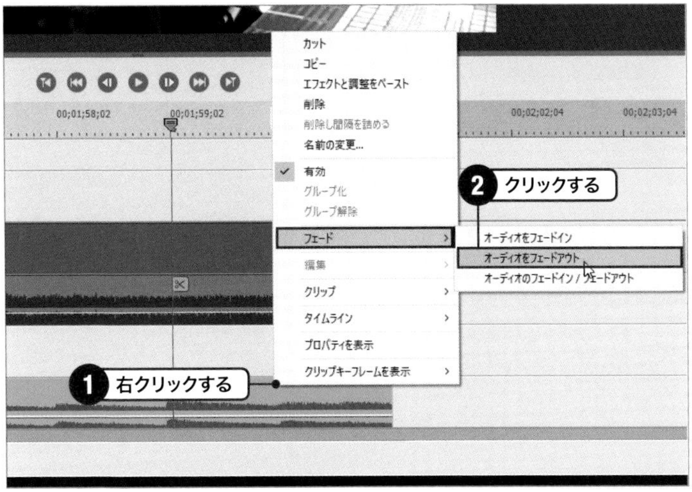

Memo

同時に設定するには?

右クリックしたメニューで<フェード>→<オーディオのフェードイン／フェードアウト>をクリックすると、フェードインとフェードアウトを同時に設定できます。

4 フェードイン／フェードアウトの長さを変更する

P.71の方法でキーフレームを調整して（❶）、フェードイン／フェードアウトの長さを変更します。

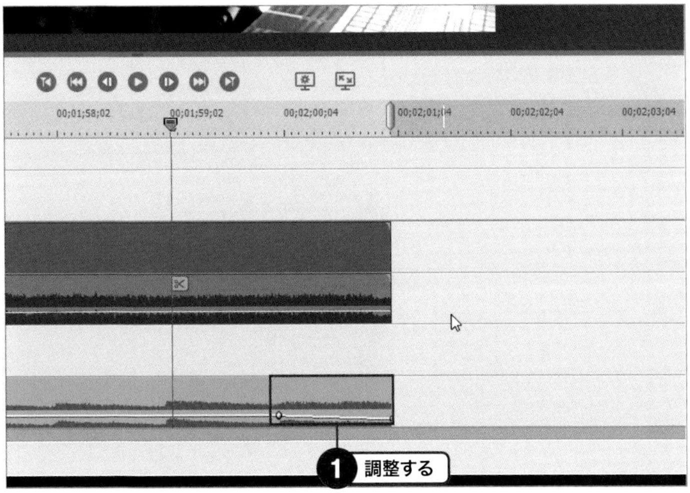

Stepup

効果の長さの初期設定を変更するには?

フェードイン／フェードアウトに適用される長さは、初期設定では「1秒」です。これを変更するには、<編集>（Macでは<Adobe Premiere Elements 2021 Editor>）→<環境設定>→<一般>の順にクリックし、「一般」タブの「オーディオトランジションのデフォルトデュレーション」の項目を変更します（❶）。

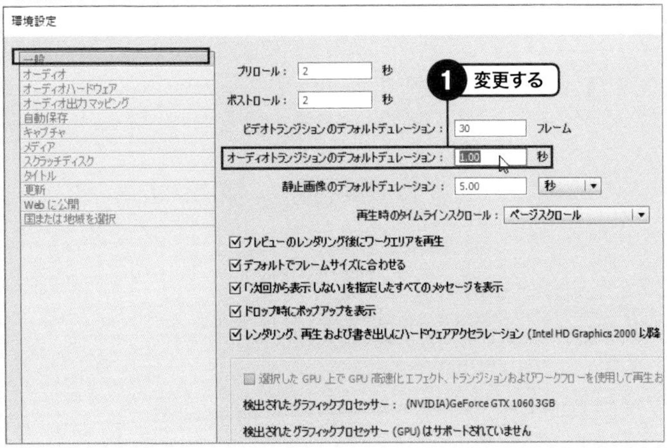

Section 76

ビデオクリップのオーディオを切り離す

覚えておきたいキーワード
- ビデオとオーディオのリンクを解除
- ビデオとオーディオをリンク
- グループ化

Premiere Elementsでは、撮影されたムービーの映像と音声のリンクを解除したり、あるいは別の映像と音声をリンクさせることができます。映像、または音声のみを使用したい場合に使えるテクニックです。

1 ビデオとオーディオを切り離す

1 ビデオとオーディオのリンクを解除する

ビデオクリップをクリックして選択します。クリップを右クリックし(❶)、<オーディオとビデオのリンク解除>をクリックします（❷)。

2 リンクが解除された

タイムラインの余白部分をクリックし(❶)、リンクが解除されたオーディオクリップをクリックします（❷)。ビデオクリップは選択されず、オーディオクリップが切り離されたことが確認できます。

2 オーディオとビデオをリンクさせる

1 リンクしたいクリップを選択する

タイムライン上で、リンクさせたいビデオクリップとオーディオクリップを Shift を押しながらクリックします（❶）。

Memo 対象となるクリップとは?

リンクさせるクリップは、異なるトラック上に配置されていても構いません。

2 オーディオとビデオをリンクする

クリップを右クリックし（❶）、＜オーディオとビデオをリンク＞をクリックします（❷）。クリップがリンクされ、ひとつのクリップのように扱うことができます。

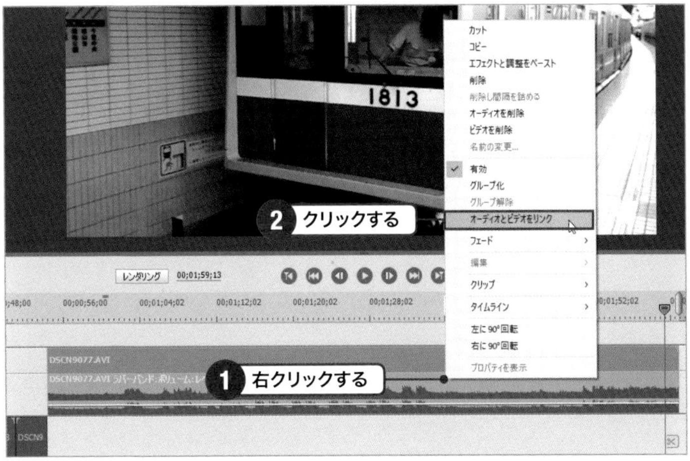

Stepup 複数のオーディオとビデオはグループ化でまとめる

＜オーディオとビデオをリンク＞機能を使ってリンクできるビデオとオーディオは、1対1である必要があります。それ以上のクリップをまとめるには、複数のクリップを選択したあとで、クリップを右クリックして＜グループ化＞をクリックします（❶）。

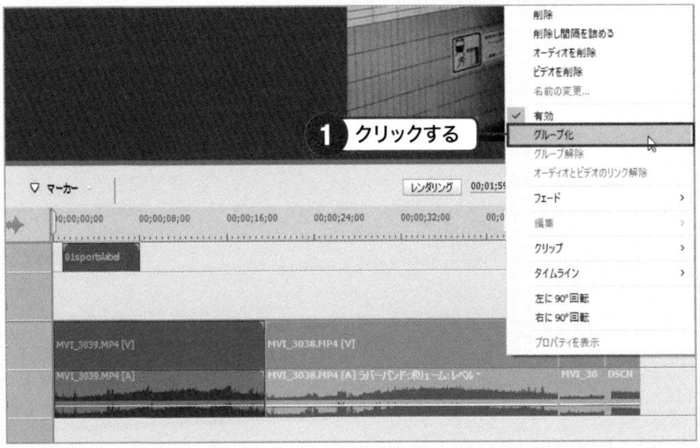

Section 77

ナレーションを録音する

覚えておきたいキーワード

- オーディオハードウェア
- ナレーション
- オーディオ表示を表示

Premiere Elementsには、映像に合わせて音声を収録するナレーション機能があります。マイクが内蔵されていない場合は、お使いのパソコンで利用できるものを別途用意する必要があります。

1 録音の準備をする

1 環境設定画面を開く

<編集>(Macでは<Adobe Premiere Elements 2021 Editor>)をクリックし(❶)、<環境設定>→<オーディオハードウェア>の順にクリックします(❷)。

2 マイクを設定する

「デフォルト入力」から使用するマイクを選択します(❶)。<環境設定>画面の<OK>をクリックして閉じます(❷)。

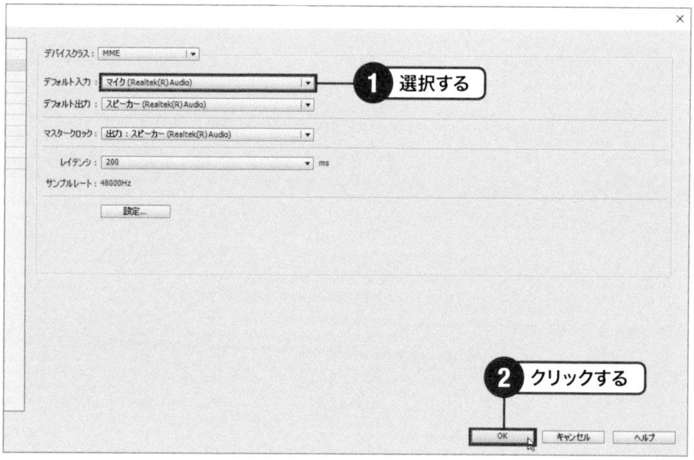

2 ナレーションを録音する

1 ナレーションを実行する

録音開始位置に時間インジケーターをドラッグします。ツールバーの<ツール>をクリックし（❶）、<ナレーション>をクリックします（❷）。

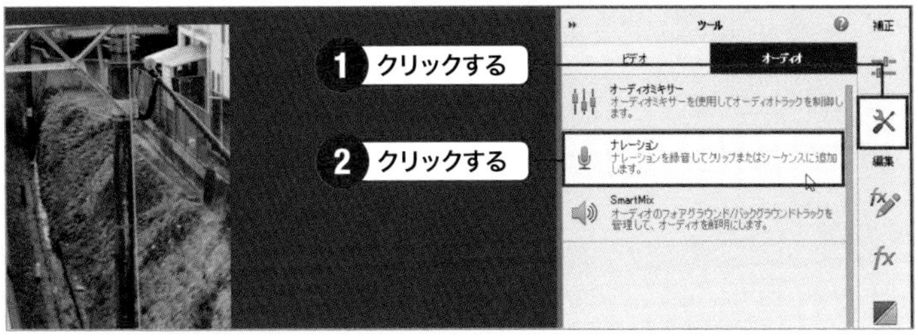

2 ナレーションを録音する

<録音>をクリックすると（❶）、<ナレーション>画面でカウントダウンがはじまり、プレビューの再生がはじまります。画面を見ながらナレーションを録音します。

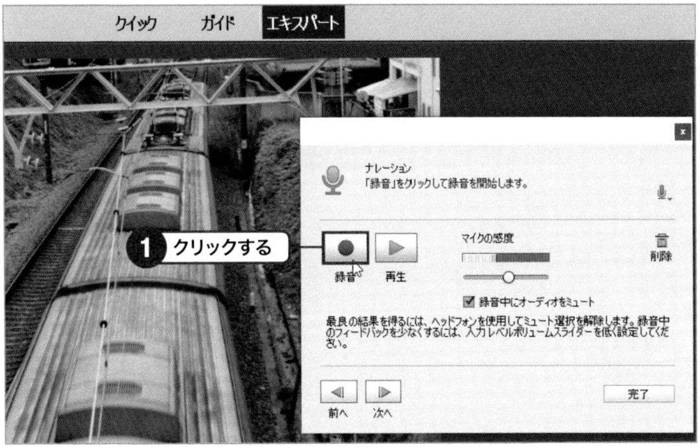

Memo

ナレーションが音割れする場合

ナレーションが音割れする場合は、<入力レベルボリューム>スライダーをドラッグして調整しましょう。

3 ナレーションを停止する

<停止>をクリックし、録音を停止します。録音したナレーションは、自動的に<プロジェクトのアセット>パネルに登録され、音声トラックに配置されます（❶）。<完了>をクリックし、ナレーションを終了します。

Hint

音声トラック以外のところにナレーションを録音するには?

<オーディオ表示を表示>をクリックし（❶）、各オーディオトラック内の<ナレーションを追加>をクリックすると（❷）、<ナレーション>画面が起動します。録音したナレーションは指定したトラックに配置されます。すでにオーディオトラックに音声が含まれている場合は、ナレーションにより音声が上書きされます。

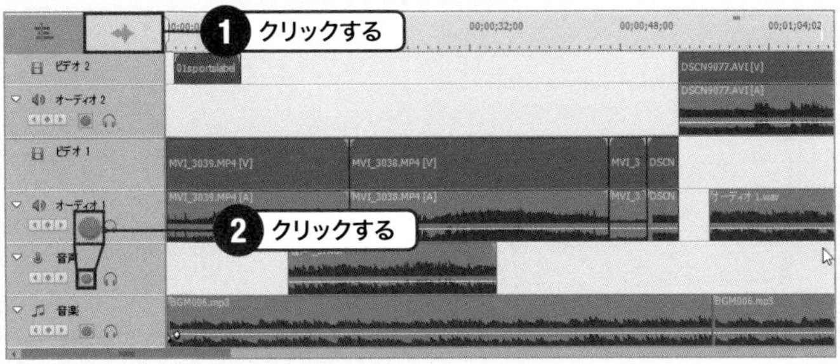

Section 78

効果音を追加する

覚えておきたいキーワード

- サウンドエフェクト
- Alt（option）＋←／→
- 著作権フリー

Premiere Elementsでは、多くの効果音があらかじめ用意されており、表現豊かなムービーに仕上げることができます。ここでは、それらの使い方に加え、インターネットで配布されている素材を紹介します。

1 サウンドエフェクトを追加する

1 サウンドエフェクトの一覧を表示する

ツールバーの＜音楽＞をクリックします（❶）。カテゴリをクリックし（❷）、「サウンドエフェクト」のカテゴリを選択します（❸）。ここでは、例として＜アニメ効果音＞を選択します。

2 サウンドエフェクトを配置する

リストから目的のサウンドエフェクトをタイムラインにドラッグして配置します（❶）。

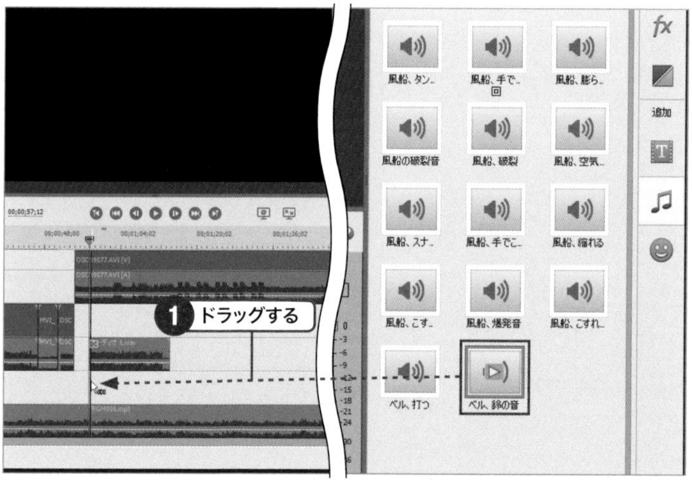

Memo 映像とタイミングを合わせるには？

サウンドエフェクトはタイミングが命です。微妙な位置調整をする場合は、タイムラインをズームしてフレーム単位で調整するといいでしょう（P.56参照）。また、Alt（option）＋←／→で1フレームずつクリップを移動させることもできます。

2 サウンドエフェクトの一覧

Premiere Elementsで用意されているサウンドエフェクトは全部で250種類以上にも及びます。使用できるシーンが限られるものもありますが、各カテゴリ内にどのようなサウンドエフェクトが用意されているか確認しておくと、いざという時に役に立つでしょう。

名称	内容
アンビエンス	街の騒音や生活音などの環境音
動物	鳥や虫などの鳴き声
アニメ効果音	風船が割れる音やベルの音など
クラッシュ	アルミ製ごみ箱が固いものに当たる音や瓶が割れる音など
火災、爆発	爆弾やダイナマイトの爆発音
フォーリー	ベルやガラス瓶の音、衣服が擦れる音など
インパクト	色々な素材を叩く音
工業	工場や重機などが発する音
液体	泥や水の音、泡が浮かぶ音など
SF	SFをイメージさせる電子音
テクノロジー	電話のプッシュ音や機材の操作音など
交通	車や飛行機のエンジン音、走行音など
天気	雨や風の音、雪上を歩く音など

Hint

もっといろいろなサウンドエフェクトを使いたい

インターネットでは、著作権フリーのサウンドエフェクト素材を配布しているサイトがあります。使用の際は、各サイトに記載の利用規約を確認しましょう。

効果音ラボ ver 3.0
フリー、商用利用無料、報告・リンク不要の効果音・SE素材をダウンロードできま
戦闘
演出・アニメ
声素材
生活
機械・乗り物
商用無料
リンク・クレジット表記不要
品質《クオリティ》を徹底追求した
フリー効果音素材
TVに、ラジオに、YouTube動画に、みんなが使っている効果音ライブラリ
Total 1774音
791
いいね！
183
138
G+1
ブックマーク
ツイート
Point❶ こだわりの品質
目指したのは、業務用効果音の品質。フリー素材でありながら、ノイズなしで超クリアなサウンドです。
DEMO
▸戦闘 ▸大自然
Point❷ 快適な試聴環境
音源名クリックで即再生。ダウンロードも右クリックではなく左クリック一発。目的の音をすばやく入手できます。
Point❸ 緩い規約
クレジット表記やリンクなど、煩わしいことは一切不要。誰でも気軽に使えます。
利用規約
What's NEW
2016/06/25 声素材に「合戦場で軍勢が突撃」を追加
効果音ラボ（http://soundeffect-lab.info/）

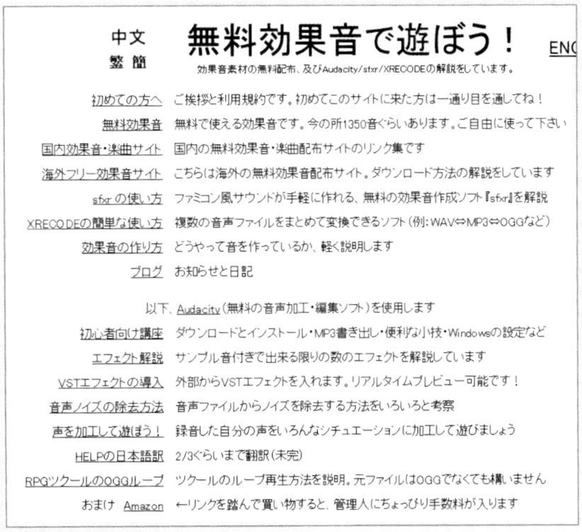
中文
繁 簡
無料効果音で遊ぼう！
ENG
効果音素材の無料配布、及びAudacity/sfxr/XRECODEの解説をしています。
初めての方へ ご挨拶と利用規約です。初めてこのサイトに来た方は一通り目を通してね！
無料効果音 無料で使える効果音です。今の所1350音ぐらいあります。ご自由に使って下さい
国内効果音・楽曲サイト 国内の無料効果音・楽曲配布サイトのリンク集です
海外フリー効果音サイト こちらは海外の無料効果音配布サイト。ダウンロード方法の解説をしています
sfxr の使い方 ファミコン風サウンドが手軽に作れる、無料の効果音作成ソフト『sfxr』を解説
XRECODEの簡単な使い方 複数の音声ファイルをまとめて変換できるソフト（例：WAV⇔MP3⇔OGGなど）
効果音の作り方 どうやって音を作っているか、軽く説明します
ブログ お知らせと日記
以下、Audacity（無料の音声加工・編集ソフト）を使用します
初心者向け講座 ダウンロードとインストール・MP3書き出し・便利な小技・Windowsの設定など
エフェクト解説 サンプル音付きで出来る限りの数のエフェクトを解説しています
VSTエフェクトの導入 外部からVSTエフェクトを入れます。リアルタイムプレビュー可能です！
音声ノイズの除去方法 音声ファイルからノイズを除去する方法をいろいろと考察
声を加工して遊ぼう！ 録音した自分の声をいろんなシチュエーションに加工して遊びましょう
HELPの日本語訳 2/3ぐらいまで翻訳（未完）
RPGツクールのOGGループ ツクールのループ再生方法を説明。元ファイルはOGGでなくても構いません
おまけ Amazon ←リンクを踏んで買い物すると、管理人にちょっぴり手数料が入ります
無料効果音で遊ぼう！（http://taira-komori.jpn.org/）

Memo

音楽の著作権について

撮影・編集した映像のBGMとして、お気に入りの歌手やアーティストの曲をCDから取り込んで使用することは、著作権法30条「私的使用のための複製」の範囲として法的にも認められています。具体的には、下記の要件を満たす範囲内です。

・個人的に家庭内またはこれに準ずる限られた範囲内において使用すること。
・使用者本人が複製すること。
・公衆の使用に供することを目的として設置されている自動複製機器（複製の機能を有し、これに関する装置の全部又は主要な部分が自動化されている機器）を用いないこと。
・技術的保護手段の回避を行うことにより複製しないこと。
・インターネット上に公開された著作物を著作権を侵害したものだと知りながら複製またはダウンロードしたものでないこと。

すなわち、コピープロテクトが施されている場合を除き、CDなどから複製した本人が、個人的に楽しむ範囲で動画のBGM等に使用する分には問題ありません。
しかし、YouTubeやSNS、ブログなど、インターネット上に公開する場合は、「個人的に楽しむ」範囲を超えてしまうため、手続きが必要になります。
YouTubeでは、多くの楽曲の著作権管理団体と契約しているため、譜面を元に自分で演奏したり歌ったりする範囲であれば手続きや申請は不要です。ですが、CDやダウンロード販売などの市販されている曲については、その音源を作成したミュージシャンやレコード会社に対して使用許可を得る必要があります。

インターネットに動画を公開する場合は、この点に十分注意しましょう。

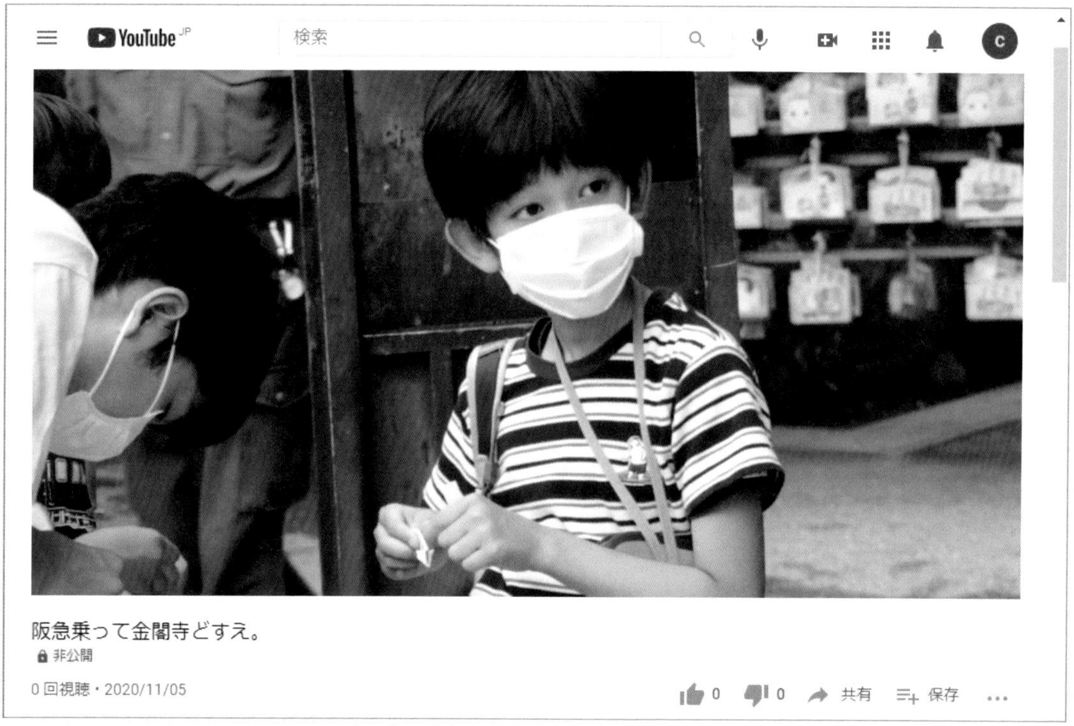

オンラインで公開する動画のBGMに、市販されている音楽の使用は控えましょう。

第8章

編集したムービーの書き出し

Section 79 メニュー画面を作成する（Windows のみ）
Section 80 メニュー画面の背景や BGM を設定する（Windows のみ）
Section 81 メニュー用のマーカーを設定する（Windows のみ）
Section 82 ムービーをファイルとして出力する
Section 83 DVD ディスクに書き込む（Windows のみ）
Section 84 ISO ファイルを出力後 DVD に書き込む（Windows のみ）
Section 85 YouTube（Windows のみ）や Vimeo に公開する
Section 86 静止画として出力する

Section 79

メニュー画面を作成する(Windowsのみ)

覚えておきたいキーワード
- ムービーメニュー
- メニューテーマ
- ムービータイトル

Premiere Elementsでは、DVDのメニュー画面を作ることができます。あらかじめ用意されたテーマを使って、ムービーのイメージに合ったメニュー画面を作る方法について解説します。なお、Mac版では本機能は搭載されていません。

1 メニューテーマを選択する

1 ムービーメニューを実行する

ツールバーの<ツール>をクリックし(❶)、<ムービーメニュー>をクリックして(❷)、ムービーメニューを実行します。

Memo メニューテーマの注意点

メニューテーマを使用するには、各種テーマをダウンロードするためのインターネット環境が必要です。

2 メニューテーマを選択する

<メニューテーマを選択>画面が表示されます。カテゴリを選択し(❶)、メニューテーマをクリックして(❷)、<続行>をクリックします(❸)。ここでは、<想い出>カテゴリの<イヤーブック>を例に解説します。

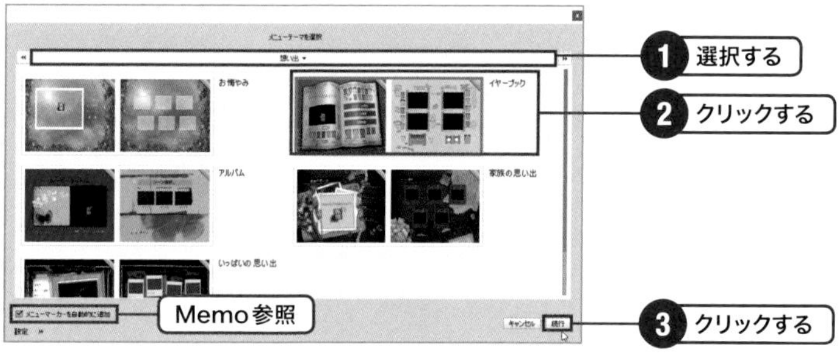

Memo メニューマーカーは自動で追加できる

ここでは、<メニューマーカーを自動的に追加>にチェックを入れています。さらに、<設定>をクリックすると、メニューマーカーを追加する基準を設定できます。手動で追加する場合は、P.199を参考にしてください。

- すべてのシーン ………… クリップのつなぎ目部分にメニューマーカーを設置します。
- 間隔を指定……………… 指定した時間の間隔(1分刻み)でメニューマーカーを設置します。
- マーカー総数指定 ……… ムービー全体に、指定した個数のメニューマーカーを等間隔で設置します。
- すべてのマーカーを消去 … 既存のメニューマーカーを削除した上で新たにメニューマーカーを追加します。

2 メインメニュー画面をレイアウトする

1 ムービータイトルを入力する

ムービータイトルをダブルクリックします（❶）。＜テキストを変更＞画面にタイトルを入力し（❷）、＜OK＞をクリックします（❸）。

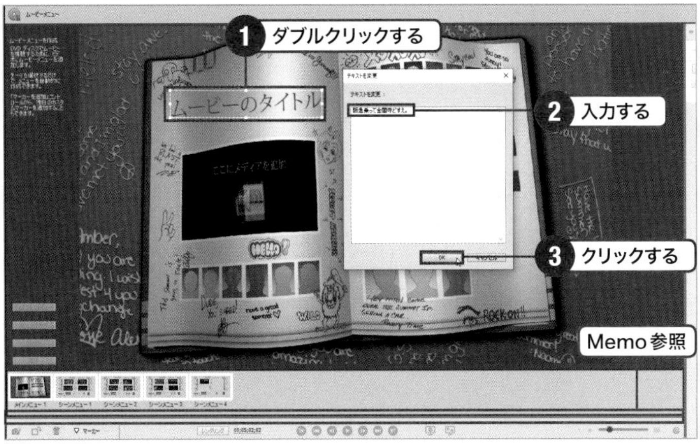

Memo

ムービーメニューの画面を大きくするには？

ムービーメニューの編集画面が狭い場合は、タイムラインとの境界を下方にドラッグしてエリアを広げてください。

2 ムービータイトルを設定する

＜調整＞パネルの＜テキスト＞で、ムービータイトルのフォントの種類、スタイル、大きさ、色をそれぞれ設定します（❶）。サブタイトルがある場合は、あわせて設定します。

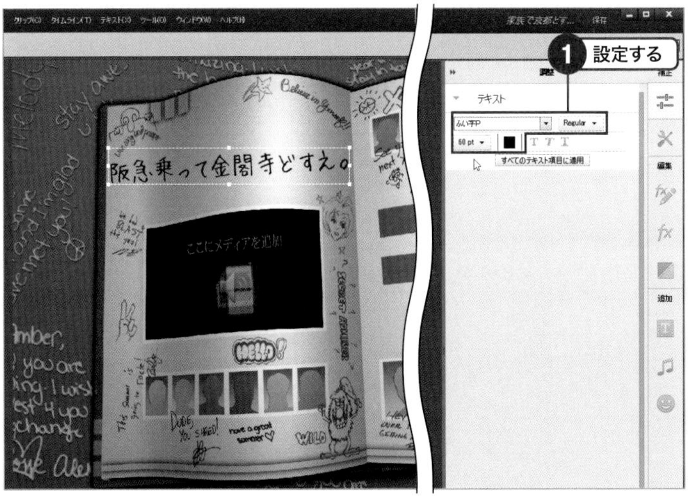

Hint

シーンメニューにも同じ設定を使うには？

メインメニューだけでなく、シーンメニューのタイトルにも同様の設定を使いたい場合は、＜すべてのテキスト項目に適用＞をクリックします。

3 パーツを移動する

ムービーメニューの各パーツは、移動できるものがあります。対象となるパーツをドラッグし（❶）、目的の位置まで移動します。必要に応じて、手順 2 を参考にテキストの設定も行います。

Memo

パーツ移動の注意点

テーマによっては、位置を変更すると背景画像にズレが出るものもあります。

3 シーン選択画面を設定する

1 シーンメニューを選択する

ムービーメニュー画面の＜シーンメニュー＞をクリックし（❶）、画面をシーンメニューに切り替えます。

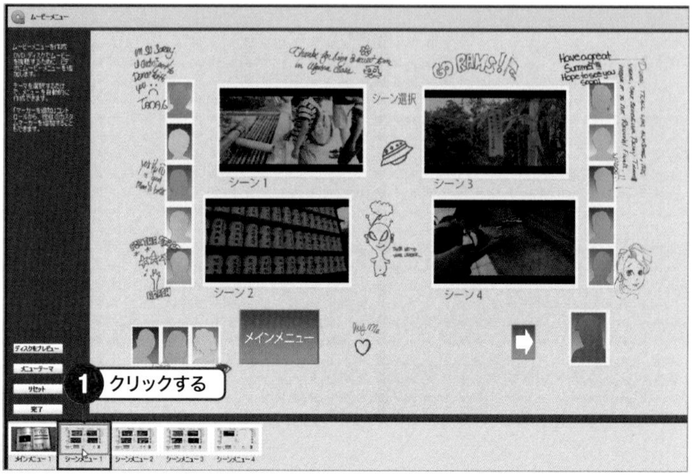

2 シーンメニューのテキストを変更する

P.193を参考に、シーンメニューのテキストやフォント設定等を変更します（❶）。

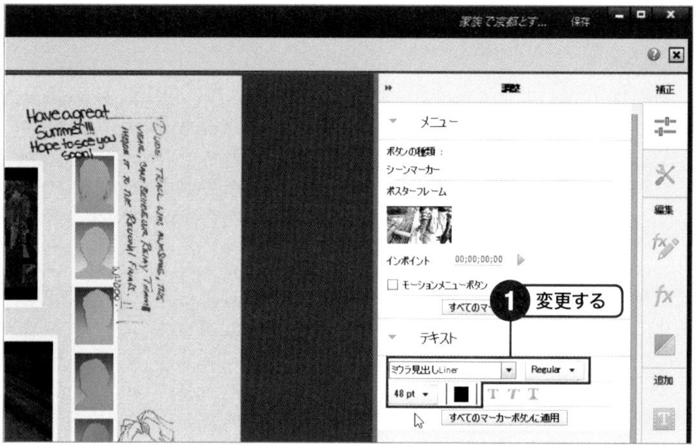

3 シーン名やサムネイルを変更する

シーンをダブルクリックすると（❶）、メニューマーカー画面が開き、シーン名やサムネイルを変更することができます。詳しくはP.200を参照してください。

4 ディスクをプレビューして確認する

1 ディスクをプレビューする

<ディスクをプレビュー>をクリックすると（❶）、メニュー画面をプレビューできます。操作方法は、下のHintを参照してください。

Memo

プレビューが粗い?

プレビューは動作を確認するためだけのものなので、粗い表示になっています。実際に出力すると、解像度の高い映像が作られます。

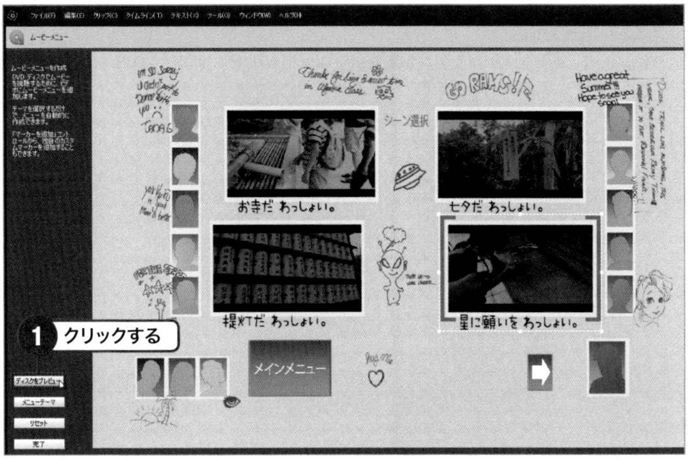

2 メニュー画面の作成を完了する

<完了>をクリックし（❶）、メニュー画面の作成を終了します。

Hint

再編集するには?

再編集を行う場合は、P.192手順 1 の方法でムービーメニューを実行します。

Hint

ディスクプレビューの操作方法

画面内のメニュー名やボタンをクリックしてメニュー画面を移動することができます。また、シーン名をクリックすると、ムービーが再生されます。

Section 80

メニュー画面の背景やBGMを設定する（Windowsのみ）

覚えておきたいキーワード

- メニューの背景
- インポイント
- すべてのメニューに適用

メニューテーマを選んでメニュー画面が作成できたら、その中に表示する映像や静止画素材、BGMなどを指定します。使用するテーマによっては、指定できる項目が異なる場合があります。なお、Mac版では本機能は搭載されていません。

1 メニュー画面の背景を設定する

1 メニューの背景を指定する

P.192手順1の方法でムービーメニューを実行します。メインメニューの＜ここにメディアを追加＞をクリックします（❶）。＜調整＞パネルの「ビデオまたは静止画」の＜参照＞をクリックし（❷）、表示したい映像または静止画のファイルを指定します。

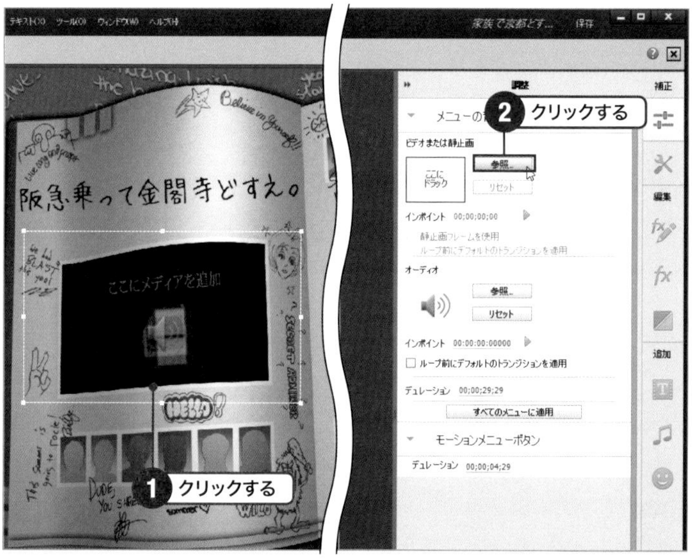

Memo

メディアを追加する場所が見当たらない場合

ムービーテーマによって、表示できる項目が異なります。ムービータイトルやメディアを表示する項目がない場合があります。

2 メディアの開始位置を指定する

動画を選択した場合は、インポイントをドラッグし（❶）、動画の開始位置を指定します。

Hint

開始位置をすばやく動かすには？

Shift を押しながらドラッグすると、フレームの移動が高速になります。

2 メニュー画面のBGMを設定する

1 メニューのオーディオを指定する

「オーディオ」の<参照>をクリックして（❶）、使用したいオーディオファイルを指定します。

Memo

オーディオを設定する際の注意点

オーディオを設定すると、背景に指定した動画の音声はオフになります。

2 オーディオを設定する

インポイントのタイムコードをドラッグし（❶）、オーディオの開始箇所を指定します。<ループ前にデフォルトのトランジションを適用>にチェックを入れると（❷）、ループ時にトランジションが適用されます。

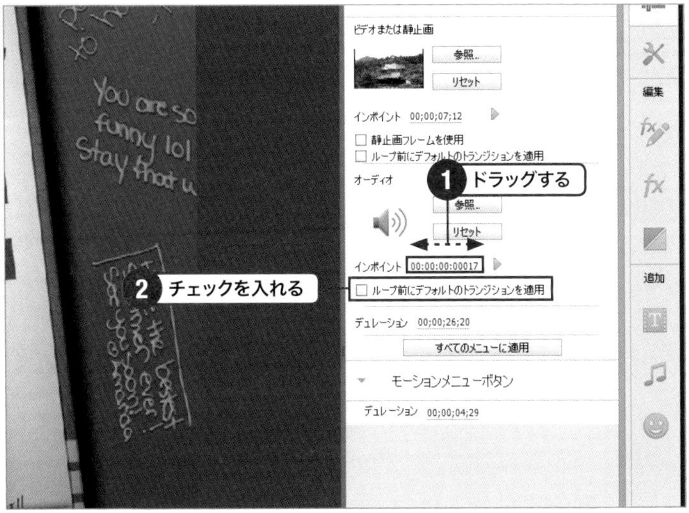

Hint

すべてのメニューに同じ設定を指定するには？

すべてのメニューに対して同じ設定を指定するには、<すべてのメニューに適用>をクリックします。

Stepup

メニュー画面の動画・曲の長さについて

メニューの背景として設定したビデオ、オーディオの長さは<デュレーション>で指定します（❶）。指定した時間で繰り返し再生します。

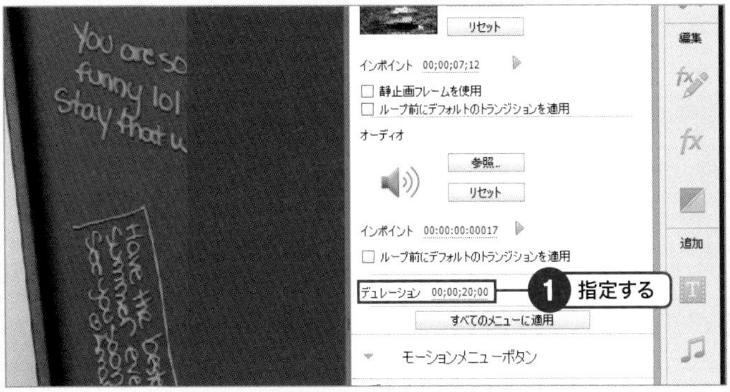

Section 81

メニュー用のマーカーを設定する（Windowsのみ）

覚えておきたいキーワード

シーンマーカー
メインメニューマーカー
ストップマーカー

Premiere Elementsに用意されたマーカーをあらかじめ設定することで、メニュー画面からマーカーの位置に瞬時にジャンプし、再生することができます。なお、Mac版にはDVD作成機能がないため、メニューマーカーは使用できません。

1 メニューマーカーとは?

メニューマーカーとは、DVDに書き込んだムービーの任意のシーンにジャンプするための目印です。あらかじめ設定しておくことで、再生時、マーカーの位置から再生することができます。メニューマーカーには以下の3種類があります。

シーンマーカー

シーンマーカーを設定した箇所からの再生が可能になります。シーンマーカーを設定すると、シーンメニュー画面が作られ、各シーンのキャプチャ画像（または映像）がボタンとして配置されます。場面が変わるタイミングや、一定の時間経過ごとに設置するとよいでしょう。

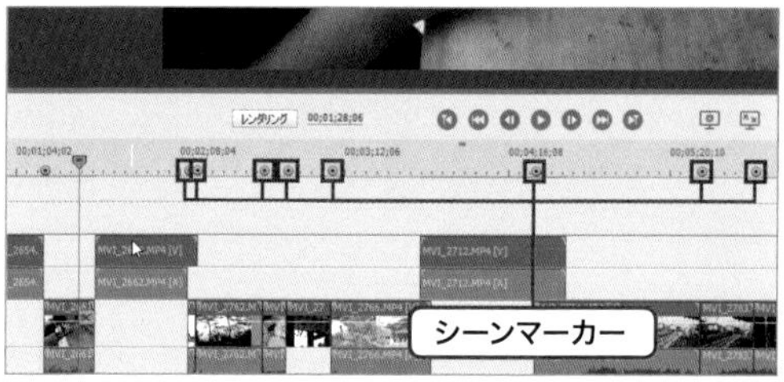

メインメニューマーカー

メインメニューマーカーを設定すると、メインメニュー上に追加のボタンが作られます。これは、対応したテーマでのみ使用でき、使用するテーマによって追加ボタンの名称は異なります。ストップマーカーと組み合わせることで、本編とは別のムービーを見せることができます。

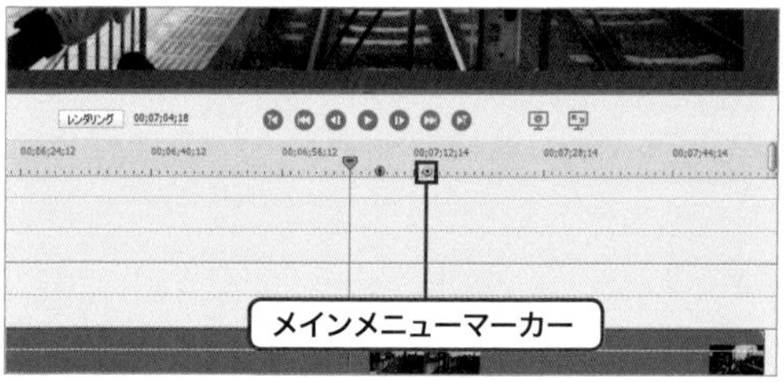

ストップマーカー

ストップマーカーを設定した箇所でムービーの再生が停止し、メインメニューに戻ります。ストップマーカーよりも後ろにメインメニューマーカーを設置することで、ストップマーカー以降のムービーを本編とは別のムービーとして見せることができます。

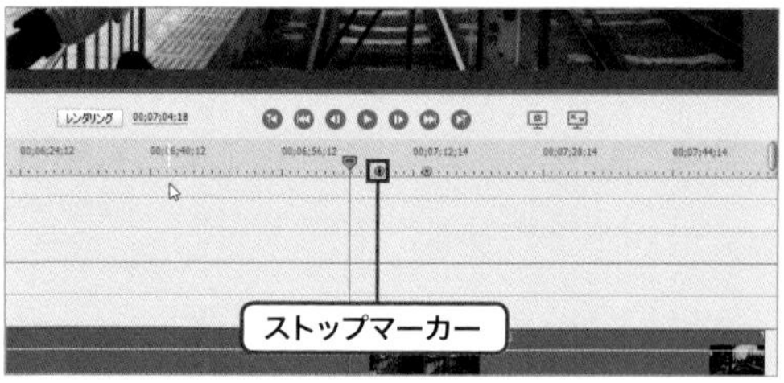

2 メニューマーカーを追加する

1 時間インジケーターを移動する

P.192手順1を参考にムービーメニューを実行します。時間インジケーターをドラッグし（❶）、メニューマーカーを設定したい箇所に移動させます。

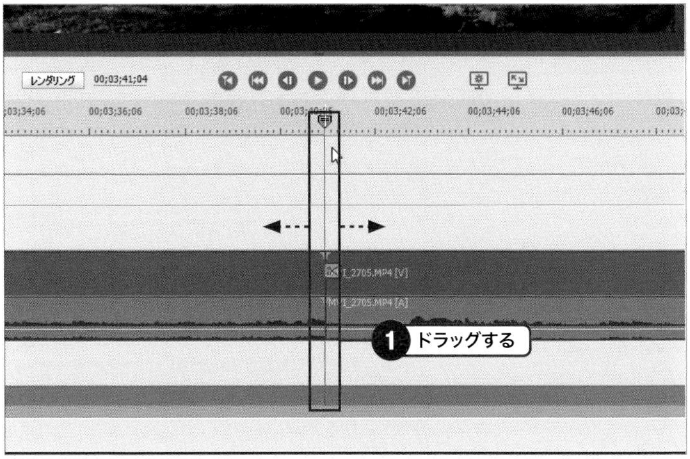

2 メニューマーカーを設定する

＜マーカー＞をクリックし（❶）、＜メニューマーカー＞→＜メニューマーカーを設定＞の順にクリックします（❷）。

3 マーカーの種類を指定する

メニューマーカー画面で、マーカーの種類を設定します。ここでは、例として＜シーンマーカー＞を選択します（❶）。

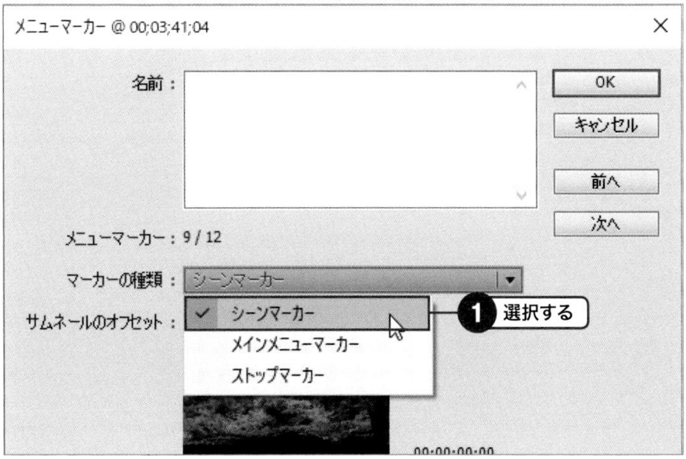

4 シーンに名前を付ける

＜名前＞にシーン名を入力します（❶）。ここで入力した名前は、メニュー画面のボタン名として使用されます。

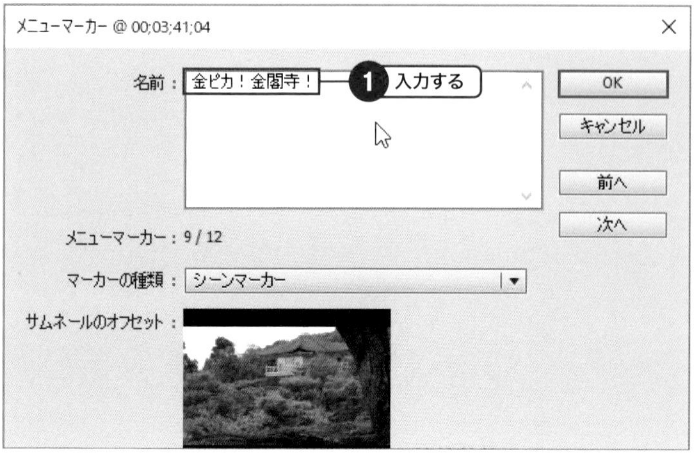

Memo

空白の場合は?

＜名前＞が空白の場合は、「シーン1」「シーン2」のように自動的に名前が付けられます。

5 サムネイルを設定する

「サムネールのオフセット」のタイムコードをドラッグし（❶）、シーンのサムネイルに表示する場面を設定します。

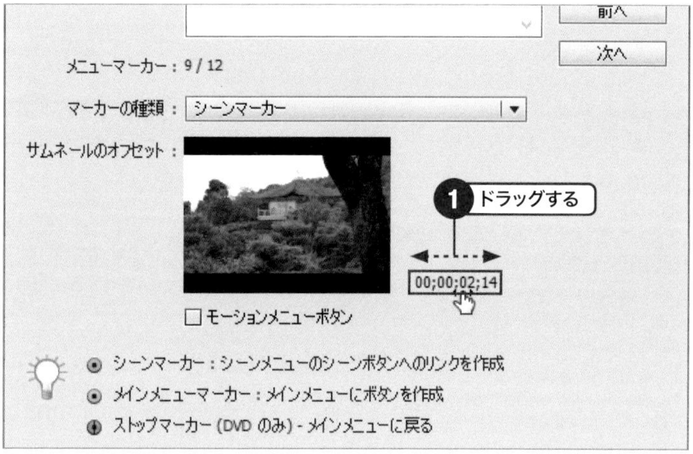

6 モーションメニューボタンにする

＜モーションメニューボタン＞にチェックを入れると（❶）、シーンメニュー画面で表示されるサムネイルが静止画ではなく、ムービーとして表示されます。＜OK＞をクリックし(❷)、メニューマーカー画面を閉じます。

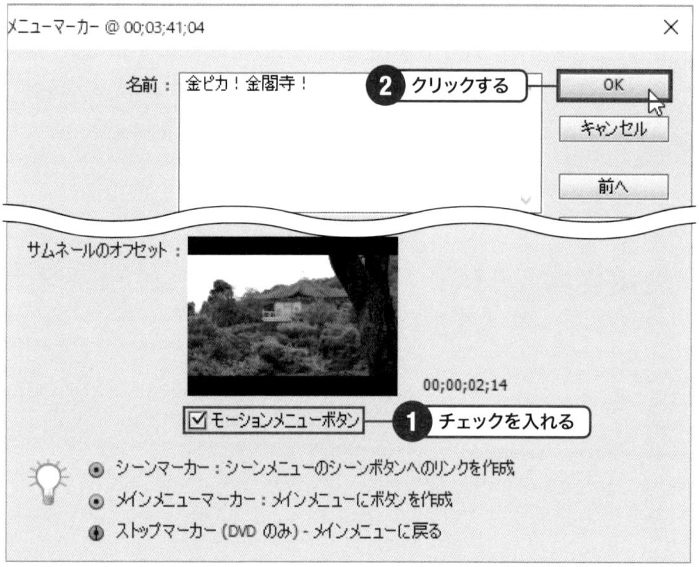

Hint

モーションメニューボタンの長さを設定するには?

モーションメニューボタンの長さは最大5秒まで設定できます。P.196手順 1 の画面で、ムービーメニューの＜調整＞パネルから＜モーションメニューボタン＞の＜デュレーション＞を変更します。

3 メニューマーカーを移動／編集／削除する

1 メニューマーカーを移動する

タイムライン上に配置されたメニューマーカーをドラッグし（❶）、目的の位置に移動させます。

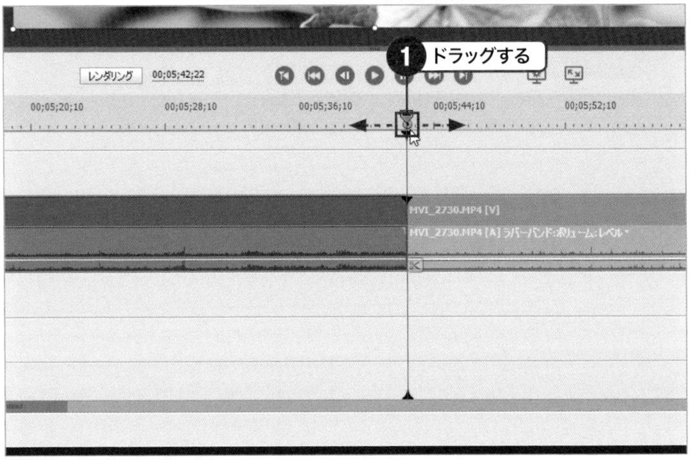

2 メニューマーカーを編集する

メニューマーカーをダブルクリックすると、＜メニューマーカー＞画面が表示されるので編集します。編集が完了したら＜OK＞をクリックします（❶）。

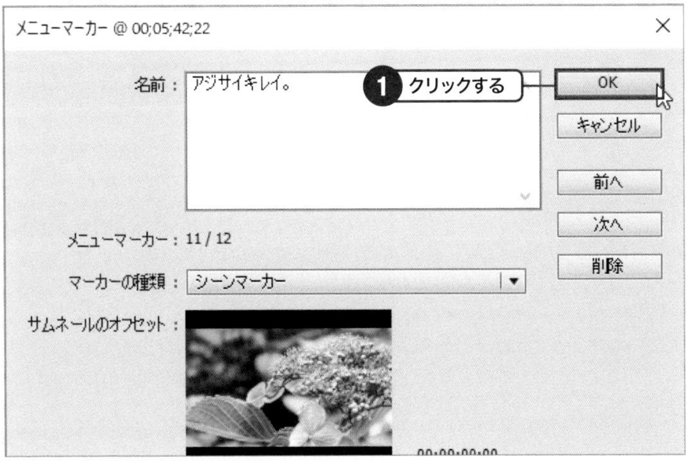

3 メニューマーカーを削除する

タイムライン上に配置されたメニューマーカーを右クリックし（❶）、＜メニューマーカーを削除＞をクリックします（❷）。

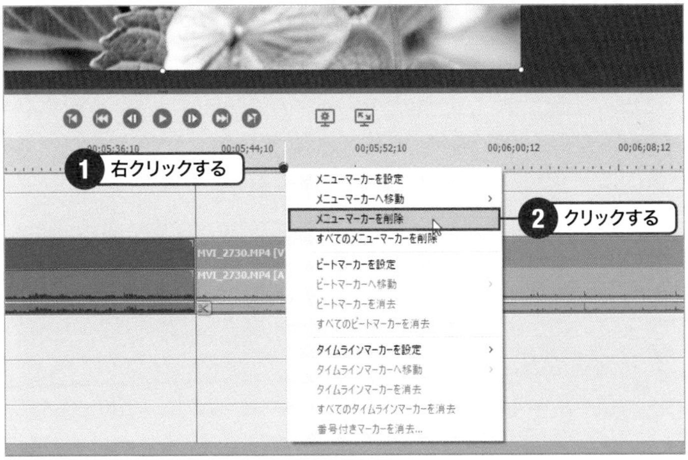

Memo

すべてのメニューマーカーを削除するには？

タイムライン上に配置されたメニューマーカーを右クリックし、<すべてのメニューマーカーを削除>をクリックします。

Section 82

ムービーをファイルとして出力する

覚えておきたいキーワード

- デバイス
- 解像度
- ファイル形式

編集したムービーをファイルとして出力することで、パソコン間でデータをやりとりしたり、管理がしやすくなります。ファイル形式はいくつか用意されていますが、ここでは、一般的なMP4、H.264を使用します。

1 ファイルとして出力する

1 書き出しと共有パネルを開く

<書き出しと共有>をクリックし（❶）、<デバイス>タブをクリックします（❷）。

2 デバイスを指定する

用途に応じたデバイスを指定します。ここでは、例として<コンピューター>タブをクリックします（❶）。

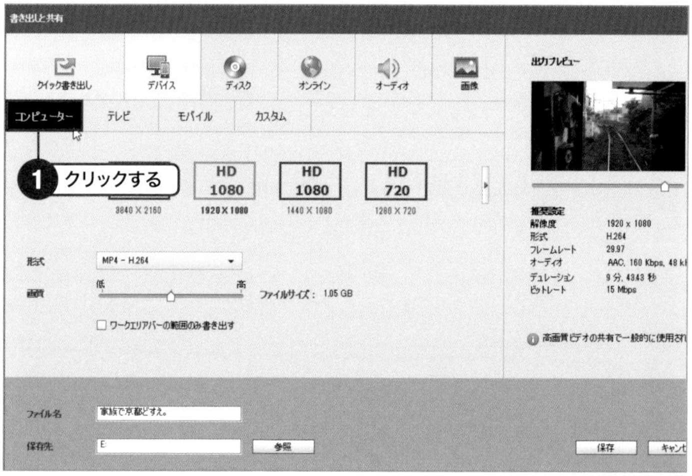

Memo デバイスの指定について

ここでは、出力したムービーを視聴するデバイス（機器）を指定してください。デバイスによって使用できる解像度やファイル形式に違いがあります。

3 解像度とファイル形式を設定する

解像度をクリックして選択し(❶)、ファイル形式を指定します(❷)。ここでは、例として解像度＜HD1080(1920×1080)＞、形式＜MP4 - H.264＞を選択します。

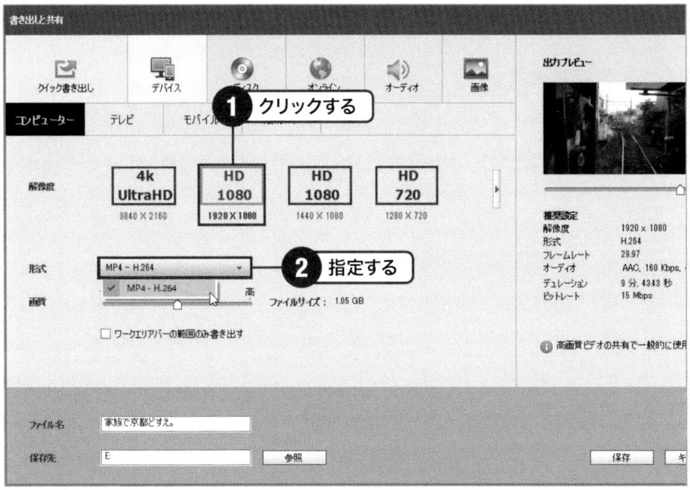

Hint ファイル形式について

MP4（エムピーフォー）は動画圧縮ファイルを格納するファイル形式のひとつで、H.264（エイチ・ニ・ロク・ヨン）というのは動画の圧縮形式を示します。

4 画質を設定する

＜画質＞スライダーをドラッグし（❶）、画質を調整します。

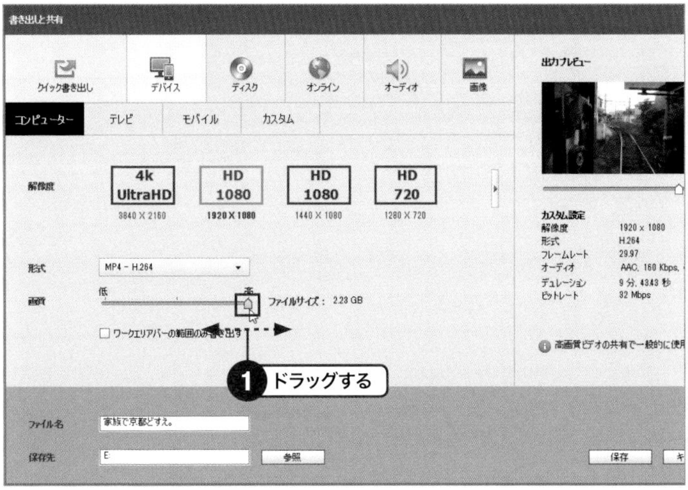

Hint 「ワークエリアバーの範囲のみ書き出す」とは?

通常は、ムービーの長さに合わせて出力されますが、「ワークエリアバーの範囲のみ書き出す」にチェックを入れると、ワークエリアバー（P.22 参照）で指定した範囲を出力します。

5 ムービーを出力する

ファイル名を入力します(❶)。＜参照＞をクリックしてファイルの保存先を指定し(❷)、＜保存＞をクリックします(❸)。

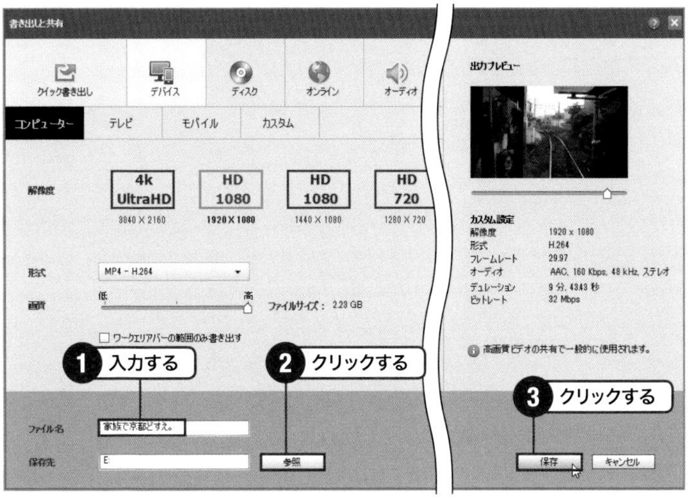

Section 83

DVDディスクに書き込む(Windowsのみ)

覚えておきたいキーワード
- ディスク
- サイズをスペースに合わせる
- 保存先

Premiere Elementsでは、市販のDVDプレイヤーで再生可能なディスクを作成することができます。ここでは、DVDのディスクに直接書き込む方法について解説します。なお、Macでは本機能を利用することはできません。

1 DVDディスクに書き込む

1 書き出しと共有パネルを開く

P.202を参考に、<書き出しと共有>パネルの<ディスク>タブを表示します(❶)。

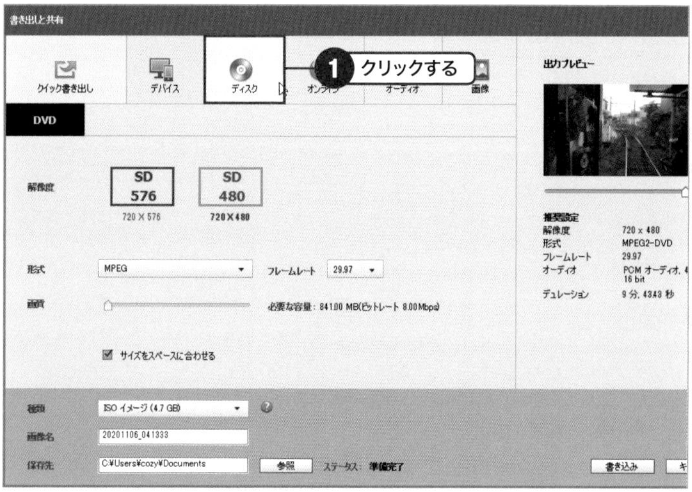

2 解像度を選択する

解像度をクリックして選択します(❶)。DVDの場合、通常、日本国内では<SD 480(720×480)>を使用します。

Hint 「SD 576」はいつ使う?

日本、アメリカ、カナダなど数か国を除いた国では「SD 576(720×576)」の解像度が使用されます。日本国内では一部を除き、一般的に販売されている機器では閲覧することができません。

3 形式・フレームレート・画質を確認する

形式が＜MPEG＞、フレームレートが＜29.97＞であることを確認します（❶）。画質は通常、＜サイズをスペースに合わせる＞にチェックを入れておきます（❷）。

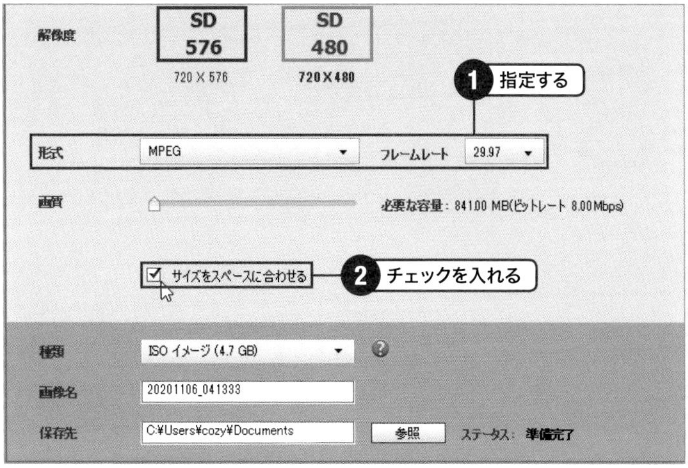

Memo

＜サイズをスペースに合わせる＞とは?

＜サイズをスペースに合わせる＞は、DVDの空き容量に応じて、画質を自動的に調整する機能です。

4 ディスクの種類を設定する

パソコンのDVDドライブにDVDメディアを挿入します。「種類」のプルダウンをクリックし、＜ディスク＞を選択します（❶）。

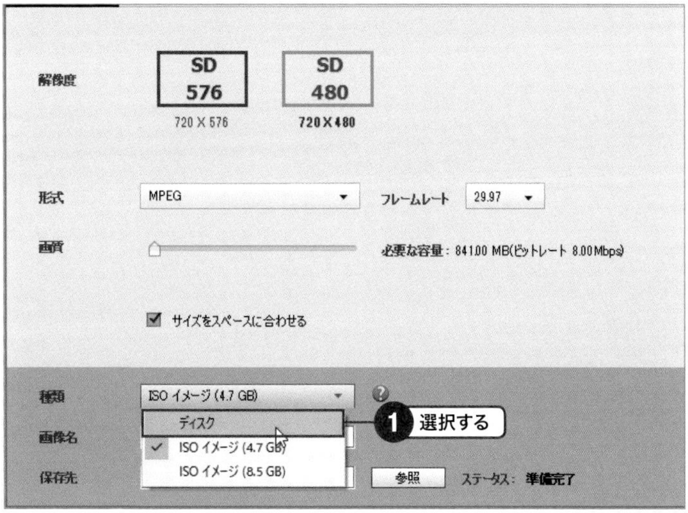

Hint

ディスクの書き込み方法は?

空のDVDディスクをセット後にメッセージが表示された場合は、「CD/DVDプレーヤーで使用する」にチェックを入れて、＜次へ＞をクリックしてください。

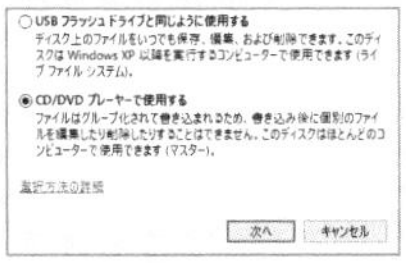

5 書き込みを実行する

「ディスク名」にディスクの名前を入力します（❶）。＜書き込み＞をクリックし（❷）、ムービーのエンコードと書き込みをスタートします。

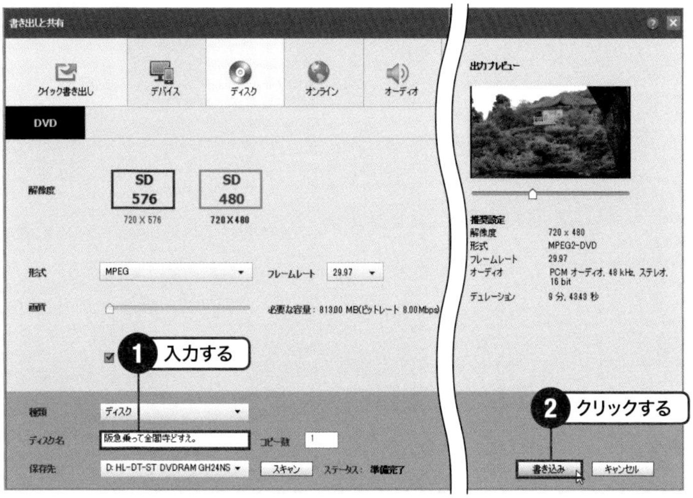

Memo

ディスク名は何のために入力するの?

DVDドライブで読み込んだときにディスク名が表示されます。何も指定しなければ、年月日と作成した時間がディスク名になります。

Section 84

ISOファイルを出力後DVDに書き込む（Windowsのみ）

覚えておきたいキーワード

- ISOイメージ
- 画像名
- 保存先

DVDドライブがPremiere Elementsで認識されない場合は、ひとまずISOイメージファイルとして保存し、Windowsの機能を使ってディスクへの書き込みを行います。ISOファイルは、CDやDVDに必要なデータを1つにまとめたものです。

1 ISOイメージで保存する

1 ISOイメージを指定する

P.204～205を参考にディスクに書き込む設定を行ったあと、「種類」のプルダウンをクリックし、＜ISOイメージ(4.7GB)＞を選択します（❶）。

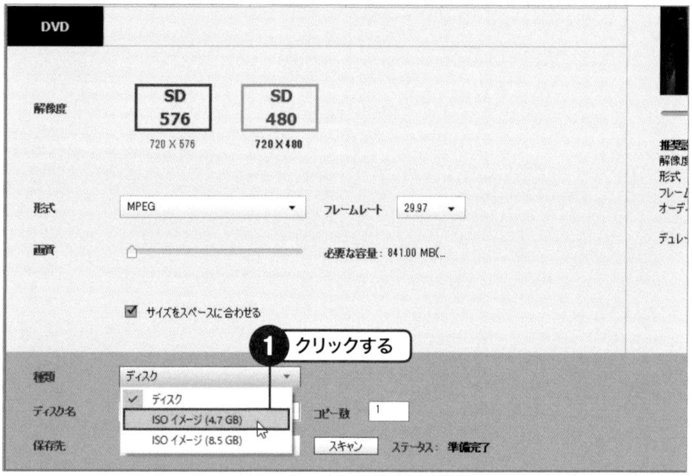

Memo

ISOイメージ（8.5GB）は使わないの？

ISOイメージ（8.5GB）は、8.5GBまでのデータを書き込むことが可能ですが、専用のディスクが必要になります。通常のDVDディスクの場合は4.7GBを使用します。

2 書き込みを実行する

画像名にディスクイメージの名前を入力し（❶）、＜参照＞ボタンをクリックし、イメージファイルの保存先を指定します（❷）。＜書き込み＞をクリックします（❸）。

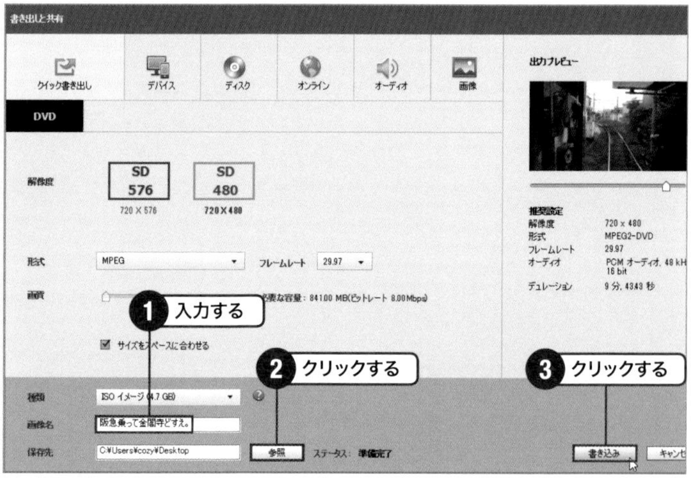

2 ISOイメージをディスクに書き込む

1 ディスクイメージを書き込む

書き込み場所に指定したフォルダにISO形式のファイルが作成されているのが確認できます。DVDドライブに空のディスクをセット後、エクスプローラーでISOファイルを右クリックし（❶）、＜ディスクイメージの書き込み＞をクリックします（❷）。

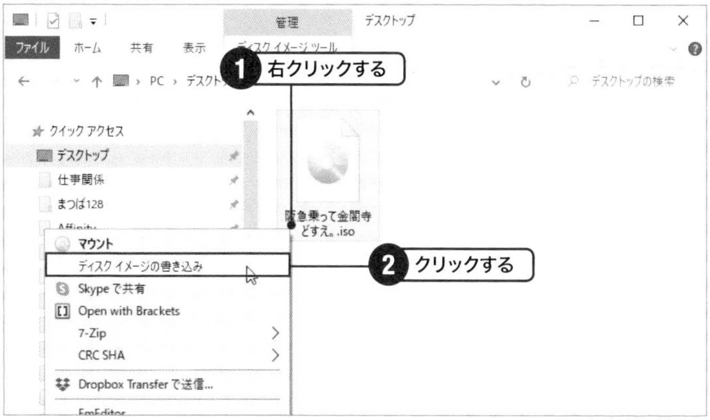

2 ディスクに書き込む

Windowsディスクイメージ書き込みツールが起動します。ディスクイメージファイルと書き込み用ドライブを確認し（❶）、＜書き込み＞をクリックします（❷）。

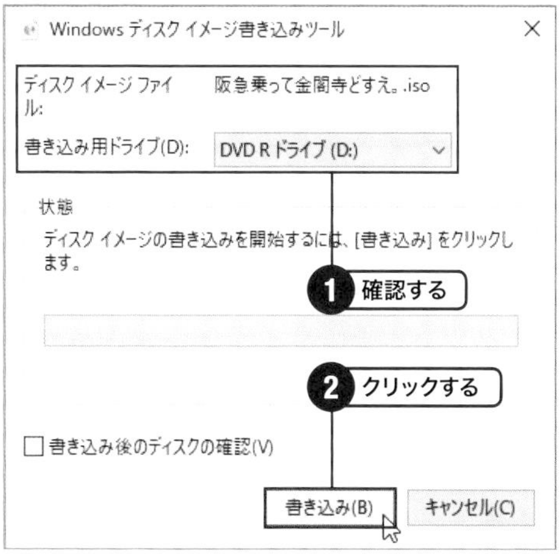

3 確認する

お使いのDVDプレーヤーやDVD再生ソフトで内容を確認します。

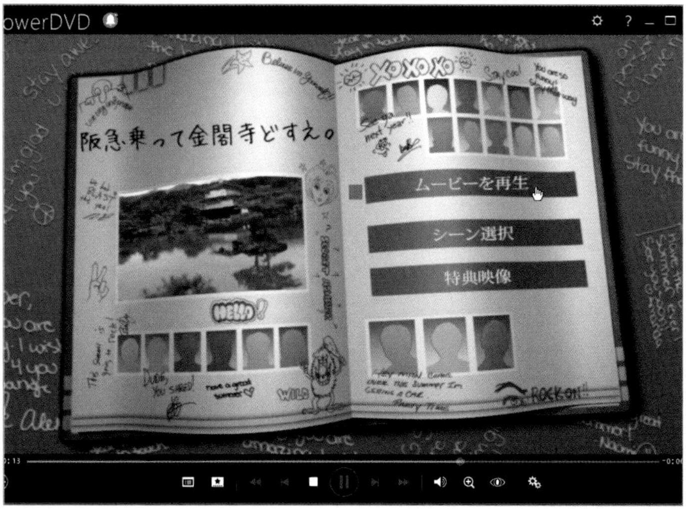

第8章 編集したムービーの書き出し

Section 85

YouTubeやVimeoに公開する

覚えておきたいキーワード

- YouTube
- オンライン認証
- アップロード

インターネット環境があれば、動画配信サイトを利用することで簡単に多くの人々にムービーを見てもらえます。あらかじめアカウントを取得していれば、直接動画配信サイトにムービーをアップロードすることが可能です。

1 YouTubeに公開する

1 書き出しと共有パネルを開く

P.202を参考に、＜書き出しと共有＞パネルの＜オンライン＞タブを表示します（❶）。アップロード先のサービスのタブをクリックします（❷）。ここでは、例として＜YouTube＞タブをクリックします。

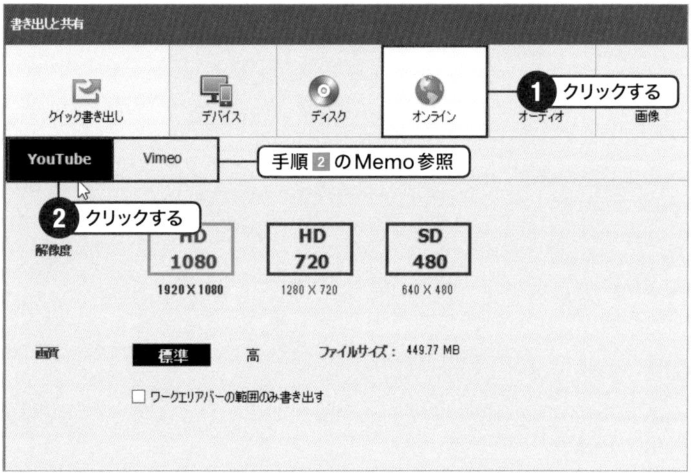

Memo オンライン用に出力する際の注意点

オンライン用に出力するためには、インターネット環境が必要になります。

2 オンライン用に設定する

解像度と画質をクリックして選択します（❶）。＜共有開始＞をクリックします（❷）。

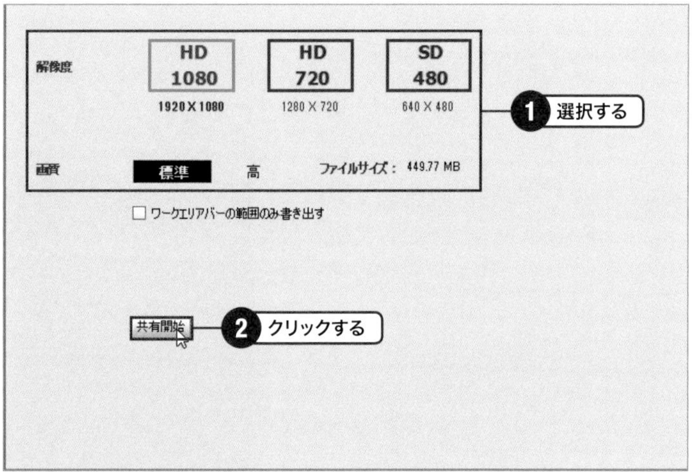

Memo Vimeoとは？

手順 1 の画面にあるVimeo（ヴィメオ）はアメリカの動画共有サービスで、YouTubeと同じようにユーザーが作成したムービーを公開することができます。利用にはアカウント登録が必要です。

2 オンライン認証を行う

1 Googleアカウントで ログインする

Googleアカウントへのログイン画面が表示されます。登録しているメールアドレスとパスワードを入力し、ログインを行います（❶）。

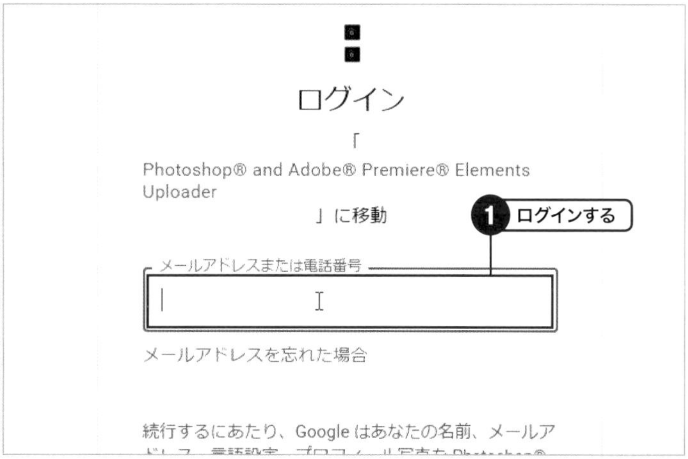

Memo

Googleアカウントが必要

YouTubeに動画をアップロードするためには、あらかじめGoogleアカウントを取得しておく必要があります。

2 アクセスを許可する

認証画面が表示されるので、＜許可＞をクリックし（❶）、Premiere ElementsがGoogleアカウントにアクセスする許可を与えます。

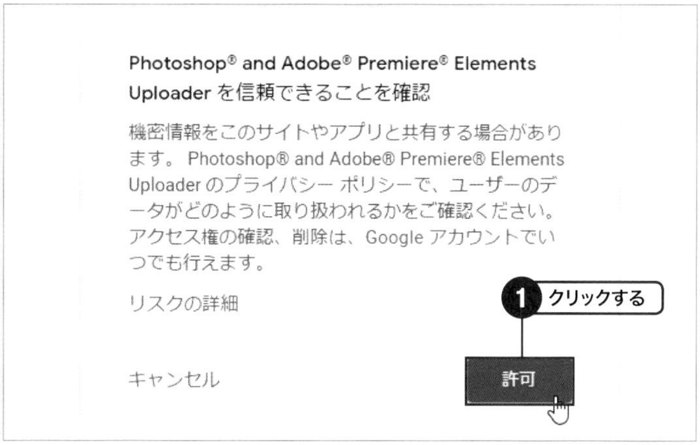

Memo

認証画面が表示された場合

手順 1 でログイン後、Googleの認証画面が表示された場合は、画面の指示に従って認証してください。

3 情報を入力する

YouTubeにアップロードするムービーのタイトル、説明、タグを入力し、カテゴリと公開範囲を指定します（❶）。＜アップロード＞をクリックします（❷）。

Memo

タグとは？

タグはユーザーがムービーを検索する際のキーワードとなります。設定しておくことで、ユーザーに探してもらいやすくなります。

4 レンダリングする

編集した動画が1本のムービーとしてレンダリングされます。

5 アップロードする

レンダリングが完了すると、自動的にYouTubeに対してアップロードを開始します。ムービーのファイルサイズによっては時間がかかる場合があります。

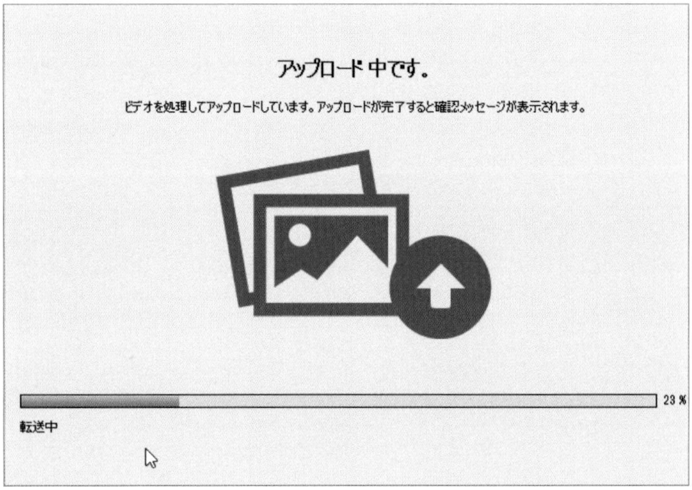

6 配信が完了した

アップロードが完了すると、配信完了画面になります。＜ビデオを表示＞をクリックすると(❶)、ブラウザが開き、アップロードしたムービーを確認することができます。＜完了＞をクリックすると(❷)、設定画面に戻ります。

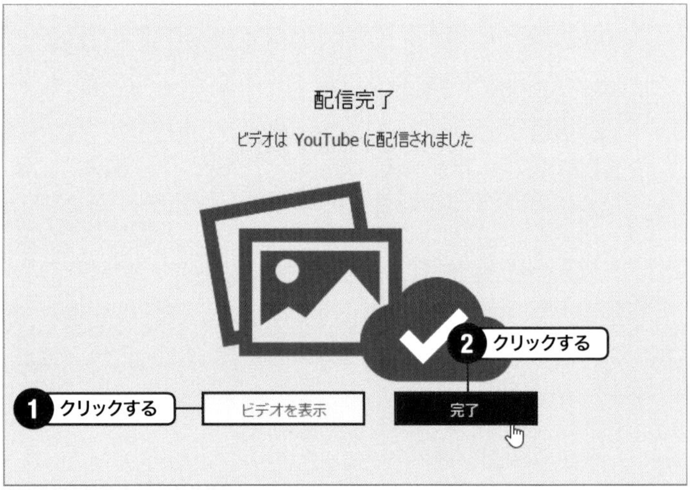

Section 86

静止画として出力する

覚えておきたいキーワード
- フレーム
- 画質
- 静止画

編集したムービーの中の一コマを、静止画として出力し、メニュー画面に流用したり、画像編集ソフトを使って加工することができます。また、出力された静止画を、素材クリップとして読み込むなどの活用方法もあります。

1 画像として出力する

1 書き出しと共有パネルを開く

時間インジケーターを調整し、出力したい静止画を画面上に表示しておきます。P.202を参考に、＜書き出しと共有＞パネルの＜画像＞タブを表示します（❶）。＜フレーム＞タブをクリックします（❷）。

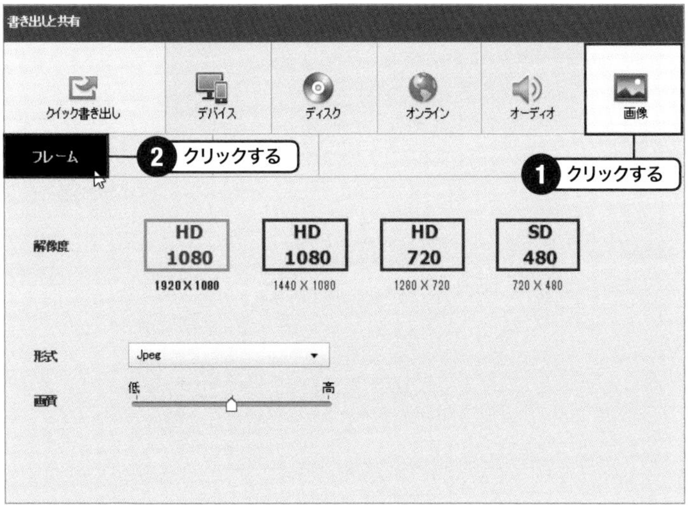

2 画像を出力する

解像度と画質、ファイル名と保存先を指定します（❶）。＜保存＞をクリックし（❷）、ムービーの静止画を保存します。

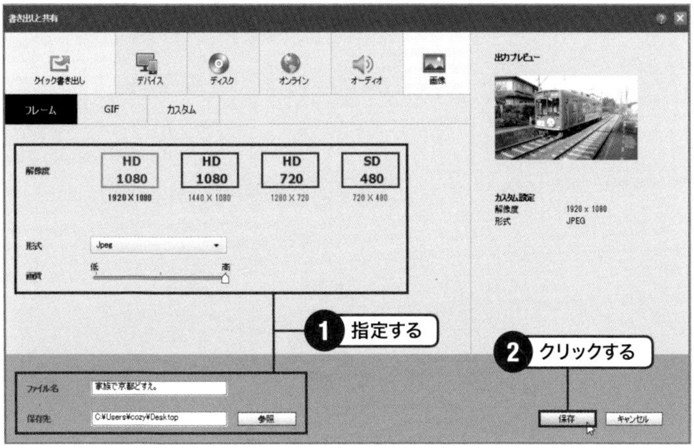

Stepup

GIFアニメーションも書き出せる

手順 1 で＜GIF＞タブをクリックすると、GIFアニメーションで出力できます。このとき、ワークエリアバー（P.22参照）で書き出し範囲を指定可能です。

付録

Section 01

Elements Organizerを利用する

覚えておきたいキーワード
- Elements Organizer
- 整理
- プレビュー

Elements Organizerは、画像や映像、音声といったさまざまな種類のファイルを一括で管理するためのソフトウェアです。Premiere Elementsと連携して活用しましょう。

1 Elements Organizerで素材を管理する

1 Elements Organizerを起動する

Premiere Elementsを起動します。ホーム画面が表示されたら、＜整理＞をクリックします（❶）。

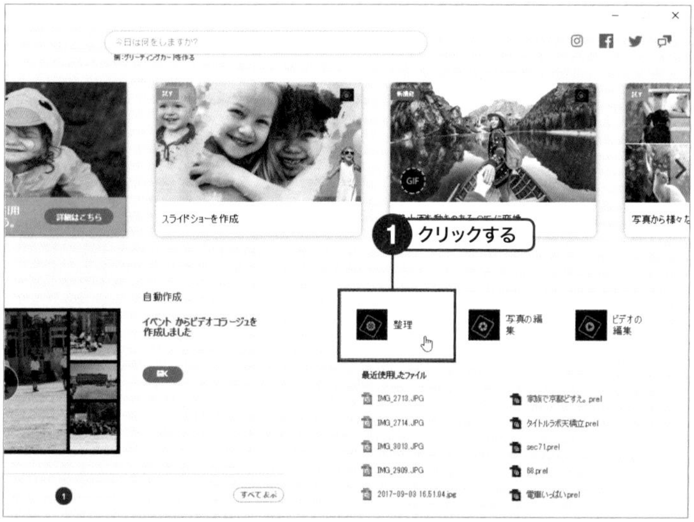

Memo チェックフォルダーについて

Elements Organizerは、特定のフォルダーを常にチェックし、新しいファイルが確認された場合は、起動時に読み込むかどうかの確認を行います。＜ファイル＞メニュー→＜チェックフォルダー＞の順に開くと、対象となるフォルダーを追加できます。

2 フォルダーから読み込む

＜読み込み＞をクリックし（❶）、＜ファイルやフォルダーから＞をクリックします（❷）。

Hint カメラから読み込むには?

＜読み込み＞→＜カメラまたはカードリーダーから＞の順にクリックすると、P.32の方法で素材を読み込めます。

付録

3 フォルダーを指定する

<ファイルやフォルダーから写真やビデオを取り込む>画面で、対象となるフォルダーやファイルを指定し（❶）、<取り込み>をクリックします(❷)。すると、Elements Organizerにファイルが取り込まれます。

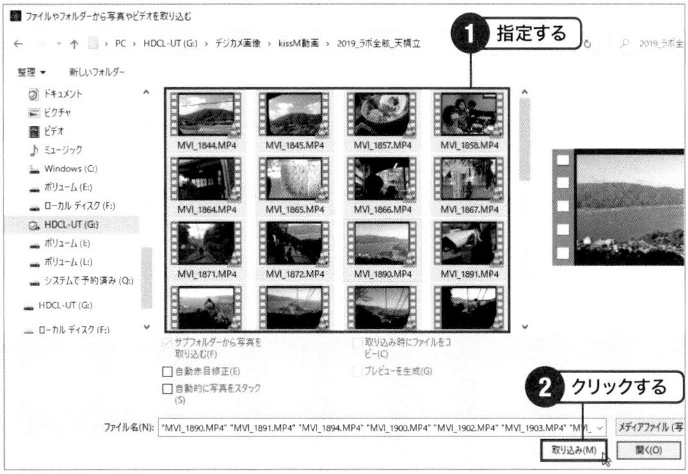

4 Premiere Elementsに読み込む

編集に使用する素材をクリックして選択します(❶)。右クリックし(❷)、<Premiere Elements Editorで編集>をクリックします(❸)。

Memo

複数の素材を選択するには？

Ctrl （command）を押しながらクリックすると、複数の素材を選択できます。連続したクリップをまとめて選択する場合は、先頭の素材をクリックし、最後の素材を Shift を押しながらクリックします。

5 タイムラインに配置された

Premiere Elementsが起動し、選択したクリップが自動的にタイムラインに配置されました（❶）。

Section 02

ビデオストーリーを作成する

覚えておきたいキーワード

- ビデオストーリー
- ストーリーアセット
- チャプター

あらかじめ用意されたテーマとチャプターに対して素材の画像や映像を当てはめていくだけで、見応えのあるムービーが完成します。キャプションやナレーションを加えるなど、カスタマイズすることが可能です。

1 ビデオストーリーを作成する

1 ビデオストーリーを作成する

<作成>をクリックし（❶)、<ビデオストーリー>をクリックします（❷)。

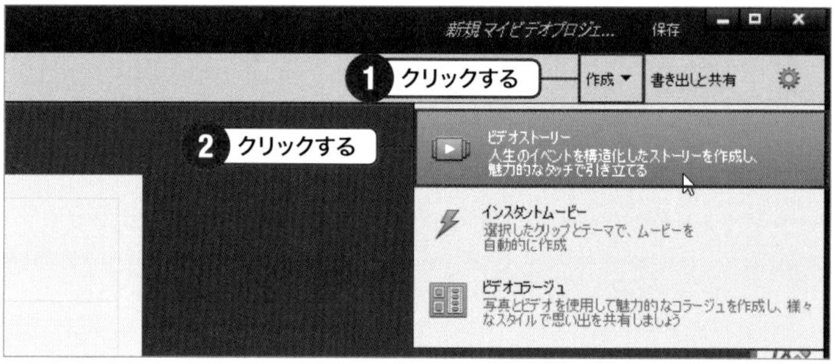

2 カテゴリを選択する

カテゴリ一覧が表示されるので、目的のテーマに沿ったカテゴリをクリックします（❶)。

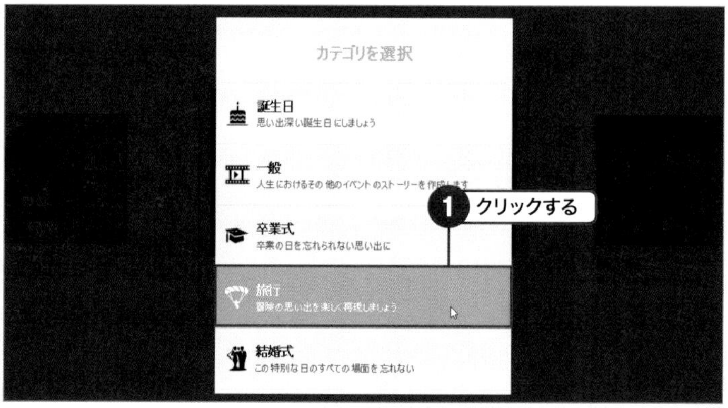

Memo

カテゴリ選択の画面が出ないときは？

すでにビデオストーリーが作成されている場合は、<新規ストーリーを作成>をクリックします。

Stepup

インスタントムービーも作成できる

手順 1 の画面で<インスタントムービー>をクリックすると、インスタントムービーを作成できます。インスタントムービーとは、タイムラインに配置したクリップを、テーマに沿った一本のムービーとして自動的にまとめる機能です。各チャプターで使用するクリップの長さなどをカスタマイズすることも可能です。

3 テーマを選択する

デザインテーマをクリックして選択し(❶)、<開始>をクリックします(❷)。

Hint タイムラインのクリップを使う場合は?

タイムライン上のビデオクリップや静止画クリップを素材として使用する場合は、<タイムラインのオリジナルビデオクリップを使用>にチェックを入れます。

2 ストーリーアセットを作成する

1 メディアソースを選択する

P.30 ~ 35、P.212 ~ 213を参考に、ビデオストーリーに使用するメディアを読み込みます。ここでは、例として<Elements Organizer>をクリックします(❶)。

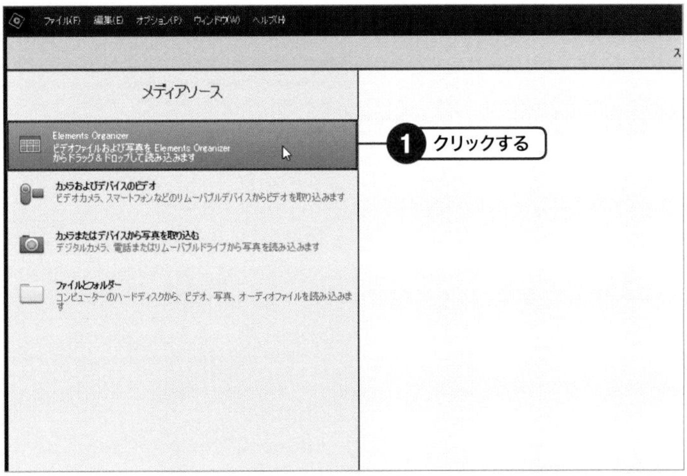

2 ストーリーアセットにメディアを追加する

Elements Organizerに登録されている静止画や動画が表示されます。ビデオストーリーとして使用したい素材をストーリーアセットにドラッグし(❶)、<次へ>をクリックします(❷)。

Memo メディアをプレビューするには?

Elements Organizerのサムネイルをダブルクリックするとプレビューウィンドウが開き、メディアをプレビューすることができます。

3 ストーリーを作成する

1 チャプターにメディアをドラッグする

チャプターに設定したいメディアチャプターにドラッグします（❶）。

Memo

どんな素材を使ってもいいの？

それぞれのチャプターにはストーリーが書かれているので、適切な素材を使用してください。

2 タイトルを変更する

チャプターをクリックし（❶）、タイトル部分をクリックします（❷）。新しいタイトルを入力して Enter を押します（❸）。

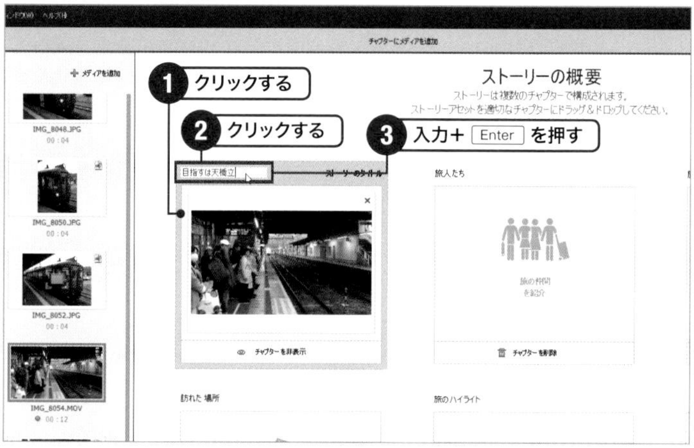

3 チャプターを作成する

手順 1 〜 2 を繰り返し、チャプターにメディアをドラッグして、ストーリーを作り上げていきます。一通り作成を終えたら、＜次へ＞をクリックします（❶）。

Hint

チャプターを追加／削除するには？

用意されたチャプターだけでは足りない場合、＜チャプターを追加＞をクリックし、新しいチャプターを追加します。また、チャプターを削除する場合は、各チャプターの下部にある＜チャプターを削除＞をクリックします。

4 ビデオストーリーをカスタマイズする

1 チャプターのムードを変更する

ストーリーのチャプターを切り替え(❶)、ムードをクリックし(❷)、ムービーの雰囲気を設定します。選択したムードの種類によって、テーマ音楽やムービーの見た目の印象が変化します。

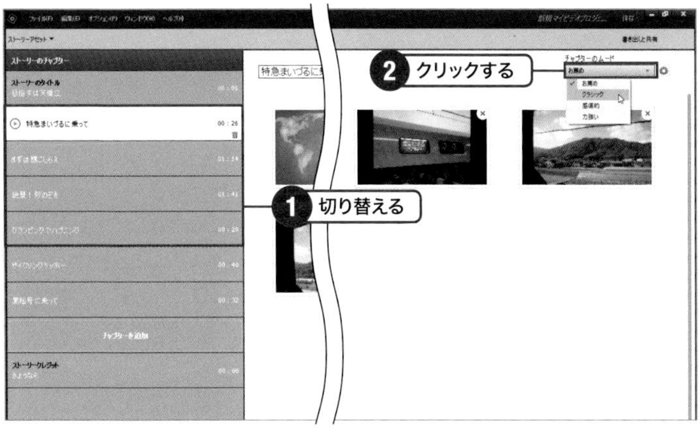

2 チャプターをカスタマイズする

＜設定＞をクリックすると(❶)、チャプターのカスタマイズを行うことができます。設定後、＜適用＞をクリックします（❷)。

Hint 項目の内容

音楽トラック‥‥＜カスタム音楽＞を選択するとオリジナルのオーディオファイルを指定できます。

ルック‥‥‥‥クリップにフィルタを適用し、雰囲気を変更します。

編集速度‥‥‥各チャプターを自動編集で短くする（高速）か、長くする（低速）かを設定します。

3 キャプションを追加する

画面左下の＜キャプションを追加＞をクリックし、キャプション画面を表示します。キャプションを挿入したいタイミングに時間インジケーターをドラッグし(❶)、＜キャプションを追加/編集＞をクリックします（❷)。

4 キャプションを入力する

キャプションのテキストを入力して(❶)、<追加>をクリックします(❷)。キャプションの表示位置を指定し(❸)、<完了>をクリックします(❹)。

Memo

キャプションの表示時間を伸ばすには?

キャプションの表示時間を伸ばす場合は、タイムライン内のキャプション表示の端部をドラッグします。

5 ナレーションを追加する

<ナレーションを追加>をクリックします。ナレーションを追加したい位置に時間インジケーターをドラッグし(❶)、<録音>をクリックします(❷)。録音を停止するには<停止>をクリックし(❸)、<完了>をクリックします(❹)。

Memo

ナレーションが追加できない?

オープニングとエンディングのタイトル部分にはナレーションを追加することができません。

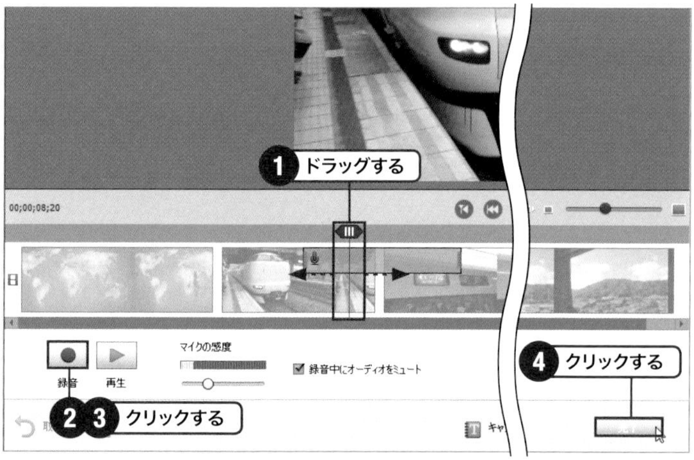

5 ビデオストーリーを出力する

1 プレビューする

<プレビュー>をクリックすると(❶)、プレビューウィンドウが開き、再生がはじまります。確認したら右上の<閉じる>をクリックし、プレビューを閉じます。

Hint

動きがカクカクする場合

<レンダリング>をクリックすると、プレビューが作られて滑らかに再生されます。

2 出力する

<書き出しと共有>をクリックします(❶)。<書き出しと共有>パネルが開きます。P.202 ～ 208を参考に出力してください。

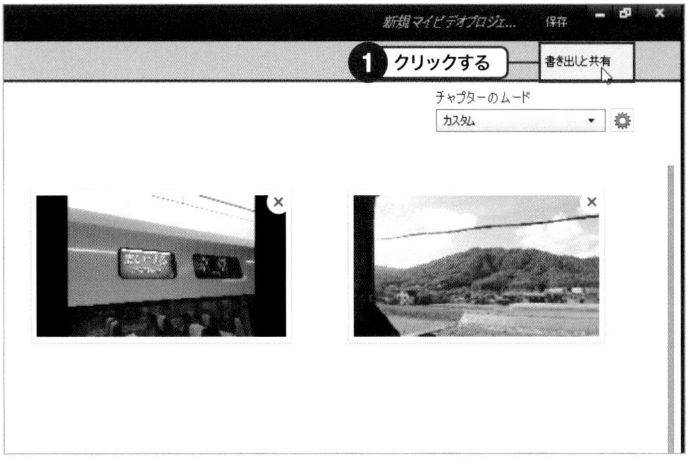

6 ビデオストーリーをタイムラインに書き出す

1 タイムラインに書き出す

<タイムラインに書き出し>をクリックします(❶)。メッセージが表示されたら<OK>をクリックします(❷)。

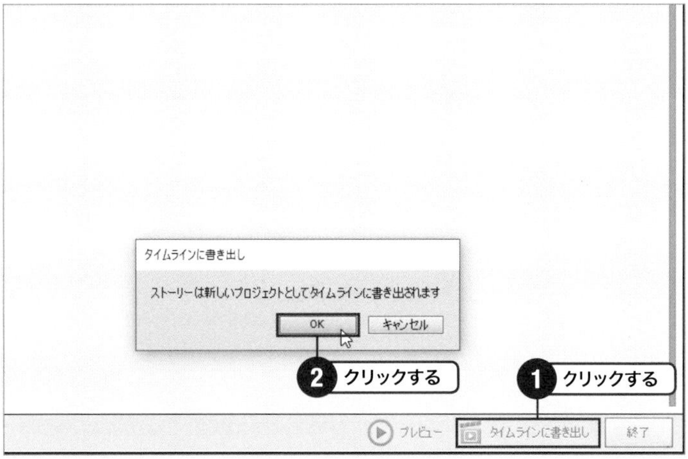

Memo 保存ダイアログが表示された

一度も保存していない場合は、プロジェクトを保存したあとに実行されます。

2 タイムラインを確認する

タイムライン上にビデオストーリーに使用したすべての素材がクリップとして配置されます。

付録

Section

03

ビデオからスライドショーを作成する

覚えておきたいキーワード

スナップ写真の場面
スライドショーを作成
テーマ

「スナップ写真の場面」を使えば、ビデオクリップからスタイリッシュなスライドショーを自動で作成できます。作成したスライドショーは自由に書き出しが可能です。

1 ビデオからスライドショーを作成する

1 スナップ写真の場面を実行する

タイムラインに配置されたクリップから、スライドショーの元にしたいクリップをクリックして選択します(❶)。ツールバーの＜ツール＞をクリックし（❷)、＜スナップ写真の場面＞をクリックします（❸)。

2 スナップ写真を抽出する

＜自動抽出＞をクリックします（❶)。解析後、抽出された位置にマーカーが表示され、スライドショーに使われる写真が右側に表示されます（❷)。

Memo

写真を手動で追加／削除するには?

写真を追加するには、時間インジケーターをドラッグし、目的の位置で＜カメラ＞アイコンをクリックします。写真を削除するには、右側の写真を選択し＜削除＞をクリックします。

3 スライドショーを作成する

<スライドショーを作成>をクリックすると（❶）、自動的にElements Organizerが起動し、スライドショーのプレビューがはじまります。

4 スライドショーを書き出す

<書き出し>をクリックし（❶）、書き出し先を指定します。ここでは、<ビデオをローカルディスクに書き出し>をクリックします（❷）。

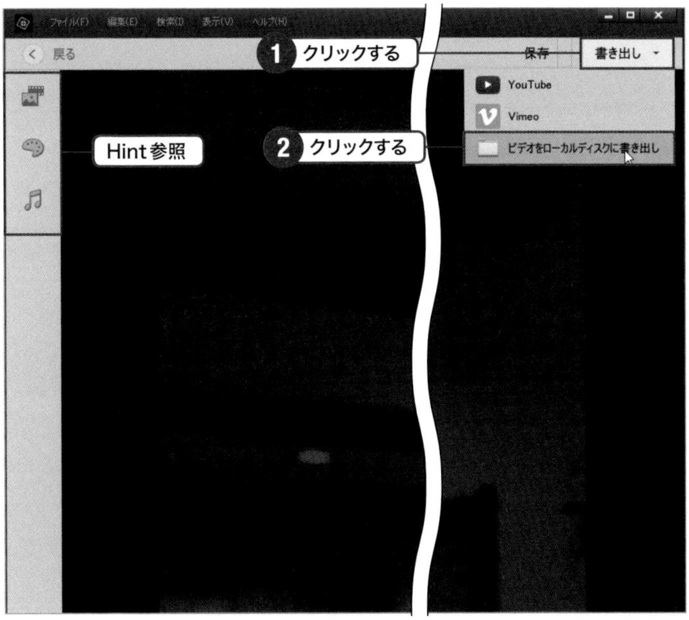

Hint テーマなどの設定も可能

スライドショーは、左側のアイコンからテーマやBGMを設定することができます。

メディア‥‥ 各画像のキャプションを入れたり、タイトルや画像、動画を追加できます。
テーマ‥‥‥ 切り替えるとガラリとイメージの違うスライドショーになります。
オーディオ‥ 任意の音楽ファイルをBGMとして読み込めます。

5 書き出し設定をする

スライドショーのファイル名を入力し、<参照>から保存場所を設定して、「品質」でスライドショーの画質を設定します（❶）。最後に<OK>をクリックしてスライドショーを書き出しましょう（❷）。

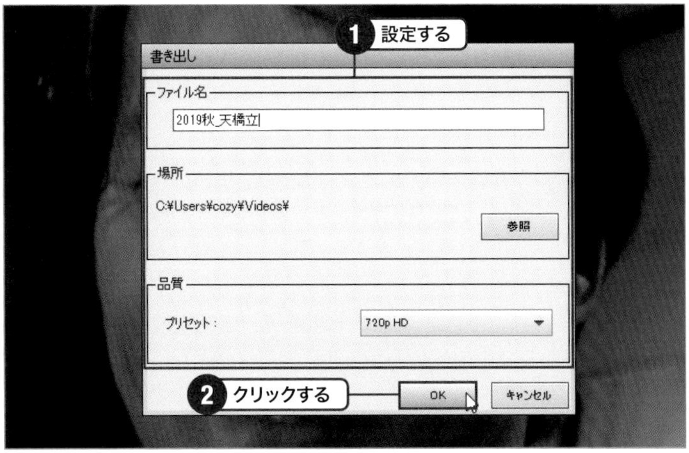

索引
Index

英字

DVD……204, 206
Elements Organizer……212
GIF アニメーション……211
Photoshop Elements……132
Premiere Elements……14
Ultraキー……130
Vimeo……208
YouTube……208

あ行

アウトポイント……40
アクションバー……23
アニメーション……92, 94, 119, 160, 162
アルファグロー……166
インスタントムービー……214
インポイント……40
「エキスパート」ビュー……20
エフェクトの削除……103
エフェクトの追加……88
エフェクトの並べ替え……98
エフェクトの保存……91
エフェクトの無効化……102
エフェクトマスキング……96
オーディオエフェクト……180
オーディオトラック……23
オーディオの追加……172
オーディオミキサー……179
オーディオを切り離す……184
音楽スコア……174
音楽トラック……170
音声トラック……170
音量……178

か行

「ガイド」ビュー……20
カウントダウンマーク……104
書き出しと共有……23, 202
かすみの除去……123
カラー……85
カラー（RGB）……84
カラーバー＆トーン……104
カラーパス……120
カラーマット……104
キーフレーム……71
キーフレームアニメーション……92
キーフレームコントロール……71, 94
基本3D……118
「クイック」ビュー……20
グラデーション……156
グラフィック……128, 138
クリップの移動……58
クリップの回転……69
クリップの拡大……68
クリップの合成……125, 130
クリップの削除……43, 51
クリップの整理……42
クリップの追加……50, 54
クリップの長さの調整……60
クリップの複製……124
クリップの分割……61
クリップモニター……38
クロップ……115
効果音……188
コマ撮り……144
コントラスト……82

さ行

再生……38, 52
サウンドエフェクト……188
時間インジケーター……23, 52, 59
自動バックアップ……48
シャープ……122
写真……32, 64, 66
照明……82